Revit 必易

U0302391

◆ BIM应用"十三五"系列规划教材

建筑设计BIM实战应用

 必易建科
BUSINESS
&EDUCATION

王 鹏 ◎主编

◎ 西安交通大学人居环境与建筑工程学院参编

◎ 来自国有大型设计院一线的资深行业专家

◎ 依托实际案例全程讲解应用技巧

◎ 行业规范的细致梳理、精准对接

◎ 线上、线下及时答疑解惑

 西安交通大学出版社
XI'AN JIAOTONG UNIVERSITY PRESS

图书在版编目(CIP)数据

建筑设计 BIM 实战应用/王鹏主编. —西安:西安
交通大学出版社,2016.4
ISBN 978-7-5605-8438-6

Ⅰ.①建…　Ⅱ.①王…　Ⅲ.①建筑设计-计算机辅助
设计-应用软件 Ⅳ.①TU201.4

中国版本图书馆 CIP 数据核字(2016)第 072968 号

书　　名	建筑设计 BIM 实战应用	
主　　编	王　鹏	
责任编辑	祝翠华	
出版发行	西安交通大学出版社	
	(西安市兴庆南路 10 号　邮政编码 710049)	
网　　址	http://www.xjtupress.com	
电　　话	(029)82668357　82667874(发行中心)	
	(029)82668315(总编办)	
传　　真	(029)82668280	
印　　刷	陕西金和印务有限公司	
开　　本	787mm×1092mm　1/16　**印张** 12　**字数** 276 千字	
版次印次	2016 年 5 月第 1 版　　2016 年 5 月第 1 次印刷	
书　　号	ISBN 978-7-5605-8438-6/TU·186	
定　　价	95.00 元	

读者购书、书店添货、如发现印装质量问题,请与本社发行中心联系、调换。
订购热线:(029)82665248　(029)82665249
投稿热线:(029)82668526　(029)82668133
读者信箱:xj_rwjg@126.com

版权所有　侵权必究

《建筑设计 BIM 实战应用》编委会

前　言

"必易建科"(西安必易建设工程科技有限公司)是建设工程领域多年从事 BIM 应用与研究的资深业内专家组织成立的创新企业,"必易建科"在 2015 年提出了 BIM 实战应用教程编写,将多年沉淀的经验着手用于 BIM 应用实战系列教程的编写。

BIM 应用实战系列教程主要以实际施工项目为案例,通过 BIM 技术进行建筑设计与施工的实施解析。

目前,虽然市场上已经涌现出了大量与 BIM 相关的课本书籍,多数仅局限于 BIM 的软件基本操作,缺失项目设计施工中各专业工程基本的工程操作能力。比如,在实际建设中,学员虽然有基本的专业知识、了解软件的操作方法,却不能在岗位上独立作业。

而 BIM 应用实战系列教程采用的是设计院"师傅带徒弟"的方式,将 BIM 技术能力与建设各项工程操作项目设计施工中各专业工程相结合,最终使 BIM 得以真实应用。所以,我们认为,"BIM 应用能力＝BIM 技术能力＋各项工程操作能力"。

"必易建科"开发的 BIM 应用实战系列教程通过专家讲解运用于必易课堂,与必易 BIM 网站(网址为 www.ibebim.com)同步上线,让 BIM 应用教学由传统向新型的互联网迈进,成为了全国首个"免费、无门槛"的网络 BIM 教育平台。该平台涵盖了中国建筑西北设计院、西安交通大学等多位业内知名专家的高清视频讲解,分别对行业规范的细致梳理和精准对接,让所有学员得到了免费的 BIM 实战应用技术知识。

随着互联网时代的迅速发展,互联网平台已经被广范应用于各大商业领域,很多免费的商业模式也大量涌现于我们的日常生活中,这种新型的模式也成为了各行各业运作的佼佼者。

在这样的背景下,"必易建科"以互联网为主旋律,以学员的需求为中心,为学员提供免费的听课、辅导、项目资料等为一体的一站式网络服务,通过这种一站式网络服务形式,实现了学员与讲师的无缝对接,也让学员"由被动变主动",充分解决了学员在学习 BIM 过程中时间不够用、辅导不到位等诸多问题,让建筑人在 BIM 的学习过程中获得最大的"利益"。

"必易建科"通过为学员提供免费的互联网增值服务,打破了传统的教育培训模式,其特点在于:①运营模式以互联网商业模式为载体,开展 BIM 教学;②产品免费、增值服务收费、服务不可复制;③以学员要求为中心,以办学员服务为导向;④全国各地教服中心面授、为当地教服中心增加 20～30 天的面授辅导。

通过这些来迎合时代的需求,构建创新的 BIM 学习运作模式。让所有筑建人都能享受免费 BIM 教学。

在本书的编写过程中,邀请了西安交通大学人居环境与建筑工程学院、科技与教育发展研究院的资深专家担任顾问,数位教授在百忙之中参与了本书的编写,他们对本书的编写框架及创新点给予了肯定同时也提出了很多指导性建议,在此对他们表示衷心感谢。

由于编者所学知识有限,书中错误在所难免,希望广大读者谅解并敬请各位同行不吝赐教,可将存在问题发至必易 BIM 网站,我们将会进行整改。

编　者

2016 年 5 月

视频教程说明

　　本书的视频教程共 470 分钟,只需登陆"必易 BIM"网站(www.ibebim.com)即可免费学习,内容包括教学视频、BIM 族库和相关学习素材等。"必易 BIM"将 BIM 技术能力与建设项目设计施工中各专业工程相结合,最终使 BIM 得以真实应用,全方位的无门槛教学让读者可以游刃有余地进行学习和工作,免费享用全部的视频教学资源。同时网站配有迷你课堂、独家教材、在线问答等增值服务。

1. 视频教程内容说明

登陆网站

点击播放

2. 视频教学

在视频教程中,有相应案例实现过程的教学视频,登陆网站进行自主点击播放学习,打破常规模式,无需光驱引入,为读者提供更多方便快捷的视频教学文件。

(1)本书的教学视频以互联网的形式提供给读者,为方便大家学习和查询,登陆网站后注册会员,不仅可以直接点击播放、浏览教学视频,还可获得积分奖励,进行相应的积分兑换;也可与主讲老师进行无缝对接、在线互动,从而在 BIM 的学习过程中获得最大的受益。

(2)书网同步。以图书、视频相辅相成的方式进行学习,图书的内容以 Revit 2014 基础知识和项目实战操作技术在项目实例中的应用为主,视频内容与图书内容一样,是不同教学方式的体现。可以使读者深层次了解建筑设计在 BIM 软件 Revit 的应用,BIM 应用能力等于 BIM 技术能力加各项工程能力。

3. 教程项目介绍

本书所选的建筑实例为商业综合体,功能划分区间主要用于商业与办公,建筑占地面积为 2912.64 m²,总建筑面积为 22205.92 m²。其中地下室为设备用房与停车库,建筑面积为 3238.24 m²;一层至三层为商业用房,建筑面积为 8737.92 m²;四层至七层为办公用房,建筑面积为 10229.76 m²。总建筑高度为 29.5 m(室外正负零处到屋面),其中地下室层高为 5.100 m,一层至三层各层高度为 4.5 m,四层至七层各层高度为 4m,屋面为上人屋面。

声明

本书所有的素材源文件来自实际项目实例,仅限于读者学习使用,不得用于商业与其他营利用途,违者必究! 读者可以通过"必易 BIM"网站(www.ibebim.com)的在线问答或者电话联系获得相应的技术支持,也欢迎读者和我们共同探讨 BIM 相关方面的技术问题。

目　录

第1章 Revit Architecture 概述

◆ 1.1 Revit Architecture 概念

BIM 的全拼是"building information modeling",即建筑信息模型,它正在引领一场建筑业信息化的数字革命,它的全面应用将提高建筑工程的集成化程度,同时为建筑业的发展带来巨大的效益,使建筑设计乃至整个工程的质量和效率显著提高、成本降低,为建筑业界的科技进步产生无可估量的影响。Revit 是 Autodesk 公司一套系列软件的名称。Revit 系列软件是专为建筑信息模型(BIM)构建的,可以帮助建筑设计师设计、建造和维护质量更好、能效更高的建筑。Revit 是我国建筑业 BIM 体系中使用最广泛的软件之一。

目前以 Revit 技术平台为基础推出的专业软件包括 Revit Architecture、Revit Structure 和 Revit MEP,以满足设计中各专业的实际使用。

◆ 1.2 Revit Architecture 基础

Revit Architecture 软件专为建筑信息模型(BIM)而开发,可以帮助你惬意地工作,自由地设计,高效的完成作品。学习和掌握 Revit Architecture 之后,你可以不受软件束缚,自由设计建筑。在想要的任何视图中工作,在各个设计阶段都可以修改设计,快速、轻松地对主要的设计元素作出变更。。

1.2.1 Revit Architecture 的启动

首先,安装完成 Revit Architecture,你可以通过单击 Windows 开始菜单选择"所有程序",选中其中的"Autodesk",再点击"Revit Architecture",即可启动 Revit Architecture 命令;你也可以直接双击 Revit Architecture 快捷图标启动 Revit Architecture。

1.2.2 Revit 工作界面

单击"楼梯文件"进入 Revit 工作界面,见图 1－1。

在 Revit Architecture 界面中,用鼠标单击选项卡,可以在各个选项卡中来回切换,每个选项卡都包含不同专业的作图工具,鼠标左键点击工具可以使用不同的选项卡工具,读者可以打开自己电脑中的 Revit Architecture 软件点击熟悉各个工具的使用。见图 1－2。

图 1-1

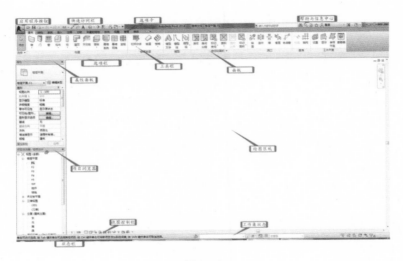

图 1-2

1.2.3　Revit 的常用设置

　　我们点击"应用程序"按钮出现如图 1-3 所示下拉菜单,点击右下角的"选项"按钮,出现如图 1-4 所示设置菜单,界面上会出现 Revit Architecture 中的一些常用设置,可以切换不同的选项,在弹出的菜单中选择不同的设置功能。

图 1-3   图 1-4

◆ 1.3 Revit Architecture 术语

Revit Architecture 是三维信息化建筑模型设计工具,不同于大家熟悉的 CAD 系统,Revit Architecture 有自己的文件格式,并且对于不同用途的文件有自己特定的格式,在 Revit Architecture 当中,最常见的文件为项目文件、项目样板文件、族文件。

1.3.1 项目与项目样板

在 Revit Architecture 中,项目会被储存为"rvt"文件格式。它包括该项目中的所有信息,包括族文件以及项目样板设置。

在 Revit Architecture 新建项目时,Revit Architecture 会自动以后缀名为"rte"的文件格式,作为该项目的初始设置条件,它主要设置项目中的文字样式、线性、单位以及其他的信息。

1.3.2 族

在 Revit Architecture 中进行绘图时,基本的图形单位我们称为"图元",例如我们所做项目中的墙体、门窗、楼梯、扶手等都是图元。所有的图元都是通过族来创建,可以说,Revit Architecture 是以族为基本,进行设计。

在 Revit Architecture 中,所有的族文件都可以被单独保存为"rfa"格式,以便不同的项目之间分享使用,我们打开 Revit Architecture 的工作界面,在项目浏览器中找到族类别,如图 1-5 所示。我们右键点击族类型会出现如图 1-6 所示对话框。这样我们就可以将项目中的族文件单独提取出来,以便于其他项目的分享。

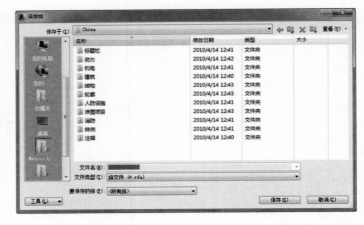

图 1 - 5 图 1 - 6

◆ 1.4 Revit Architecture 参数化设置

　　在 Revit Architecture 中,参数化设置包括参数化图元设置和参数化引擎设置,参数化图元设置是通过编辑族文件,修改它的定义参数来完成我们的编辑工作,例如墙体的高度、门的宽度。

　　参数化引擎设置是指,我们通过改变平面图中的图元参数,从而影响到整体项目的参数设置。例如我们在平面图中修改了门的宽度,那么在项目中相对应的立面,门的宽度也会随之改变,有了这样的参数设置引擎,我们就可以更快地对项目进行修改,提高了工作效率,极大地方便了我们的工作。

第 2 章　Revit Architecture 基础操作

通过前一章的学习我们已经了解了 Revit Architecture 的基本概念,本章中将进一步介绍 Revit Architecture 的视图工具和常用编辑,熟悉 Revit Architecture 的操作知识,让我们更近一步了解 Revit Architecture 的操作模式。

◆ 2.1　视图工具

Revit Architectur 常用的视图工具包含项目浏览器、视图导航、View Cube 的使用、视图控制栏,如图 2-1 所示。

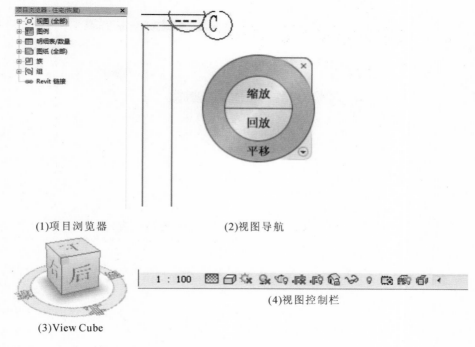

(1)项目浏览器　　　　　　　　　(2)视图导航

(3)View Cube

(4)视图控制栏

图 2-1

◆ 2.2　项目浏览器

通过上面的介绍,我们已经知道 Revit Architecture 常用的四种视图方式,本节重点对项目浏览器的使用进行讲解。

项目浏览器用于组织和管理当前项目中包含的所有信息,包括项目中所有视图、图例、图纸、明细表、族等。

我们单击项目浏览器右上角的 ✕ 按钮,可以关闭项目浏览器,点击"视图"选项卡,点击工具栏"用户界面",点击"项目浏览器",这时"项目浏览器"又重新回到了操作界面中用鼠标点击"项目浏览器"上表头空白位置,拖住鼠标左键不放,可以根据用户习惯将其放在合适的位置。

点击"项目浏览器"视图类别中"＋"展开视图类别项目,点击"楼层平面"前面的"＋",将出现我们项目中所有的平面视图,包括详图和场地。

同样,点击"项目浏览器"视图类别中"立面"前面的"＋",将出现打开项目中所有的立面视图,包括立面的详图索引。

点击"视图"选项卡,出现"视图"工具,点击"用户界面"出现下拉菜单,在出现的下拉菜单中点击"浏览器组织",出现"视图""图纸"两个列表(见图 2－2),列表为当前定义的浏览器组织,选中项为当前正在使用的组织,使用右侧按钮定义新浏览器组织或编辑新浏览器组织。

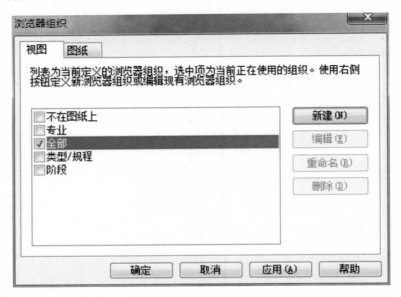

图 2－2

◆ 2.3 视图导航

Revit Architectur 为用户操作界面提供了多种导航工具,可以对视图进行平移、缩放等操作,方便用户对视图的观察。

视图导航的使用有两种方法(见图 2－3)。

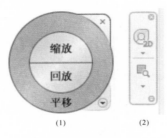

(1)　　　　(2)

图 2－3

（1）第一种方法是通过在工作平面上，点击视图导航的图标，通过滑动鼠标来实现缩放和平移。

我们通过鼠标左键，点击平移按钮，按住鼠标左键不放，滑动鼠标，就可以移动观察视图；缩放同理。

（2）第二种方法是通过鼠标中键，滑动鼠标管轮来实现缩放视图。点击鼠标滚轮不放，滑动鼠标来实现平移视图。

在这里笔者强烈建议读者使用第二种方法，这样可以提高工作效率，方便操作。

介绍完了视图导航的使用方法以后，还可以根据用户自己的习惯，对视图导航工具进行设置。点击"应用程序按钮"出现下拉菜单，点击右下角"选项"出现列表，找到"Steering-Wheels"，通过这里的设置，用户可以根据自己的习惯进行调整（见图 2 - 4）。

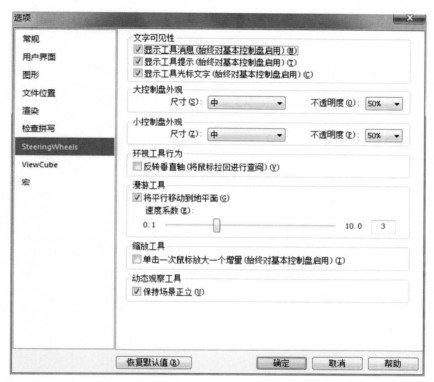

图 2 - 4

◆ 2.4 View Cube 的使用

上一节我们介绍了视图导航的使用，视图导航是基于项目平面与立面以及剖面等的观察，View Cube 是基于三维视图的观察，在这里我们参考以下视图，熟悉 View Cube 的使用。

View Cube 的使用方法分为两种（见图 2 - 5），第一种是基于鼠标点击 View Cube 图标上的视图工具来实现三维的转换视角。第二种是按住键盘 shift＋鼠标中间，通过旋转鼠标来实现三维视图的视角转换,在这里笔者为大家例举出了两种方法的操作过程,并强烈建议大家使用第二种方法。

图 2 - 5

第3章 建筑场地设计

◆ 3.1 建筑平面图中的指标概念

(1)代征路面积和代征绿地面积:是指地方政府用于公共道路和公共绿化征地。

(2)建筑基底面积:是指建筑物接触地面的自然层建筑外墙或结构外围水平投影面积。

(3)建筑密度:是指在一定范围内,建筑物的基底面积总和用地面积的比例(%);也指建筑物的覆盖率,具体指项目用地范围内所有建筑的基底总面积与规划建设用地面积之比(%),它可以反映出一定用地范围内的空地率和建筑密集程度。

$$建筑密度=建筑占地面积/建筑净地面积$$

(4)容积率:又称建筑面积毛密度,是指一个小区的地土总建筑面积与用地面积的比率。

$$容积率=基容面积/净用地面积$$

(5)绿地率:城市建成区内各绿化用地总面积占城市建成区总总面积的比例。绿地率一般由甲方控规标准来定的。

(6)后退界限:甲方提供控规中有明确指示标准,当地规划局规定。

(7)转弯半径:以消防车为标准设定(大型消防车 12 m、中小型消防车 9 m)。

(8)主(次)出入口:参考当地规划局规定。

(((•))) 注意:在设计建筑平面图中的建筑密度、容积率及绿地率时,依据甲方对项目的控规要求来设定的。

◆ 3.2 在 Revit 中导入 CAD

打开 CAD 总平图素材,输入 UN(单位设置)快捷键 ,出现单位设置对话框,将其单位修改为毫米,保存刚才修改后的总平图素材,关闭 CAD。

打开 Revit 软件,点击项目面板下的"建筑样板",创建一个新的项目文件,见图 3-1。

图 3-1

注意:将 CAD 数据导入 Revit Architecture 中,必须设置系统单位与 Revit Architecture 一致。

◆ 3.3　确立项目基地位置

(1)打开 Revit Architecture 软件,点击左上角的"快速预览"通过"选项"命令修改设置用户名(见图 3-2),设置用户名是为了以后的协同作业,在后面章节当中会为大家详细讲解 Revit Architecture 工作集原理。例如我们是必易建科,将用户名改为"必易",点击"确定"按钮,见图 3-3。

图 3-2

图 3-3

(2)点击"建筑样板"创建新的项目,点击"浏览器"切换到"场地"视图,我们可以看到一个" ▲ "符号,它是代表项目基点和项目测量点,也就是在 Revit 当中地形的项目定位。

(3)点击"插入"选项卡,出现插入选项卡工具栏,点击"导入 CAD"工具,找到本章所用的 CAD 总平图素材,设置导入单位为"毫米",定位为"原点到原点"点击"打开"按钮,如图 3-4 所示。

(4)打开以后,找到我们设置项目在 Revit Architecture 中的定点位置,点击"项目基点",发现"项目基点"的南北为 0,东西为 0,如图 3-5 所示。

图 3-4

图 3-5

◆ 3.4 设置项目基点

(1)设置 Revit Architecture 系统坐标。打开 CAD 总平图,找到总平图中西面的"次入口"位置附近的 X 轴(南北方向),将其坐标复制粘贴到对应的 Revit Architecture 中,见图 3-6。

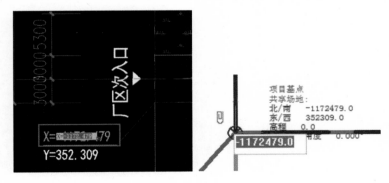

图 3-6

（2）设置东西坐标。操作同上，将 Y 轴（东西方向）的坐标，复制粘贴到对应的 Revit Architecture 中，见图 3 - 7。

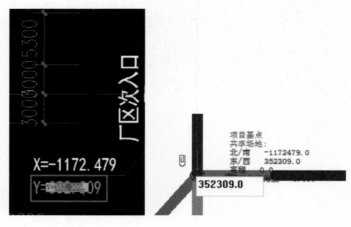

图 3 - 7

注意：在 CAD 中的坐标是以"米"为单位，在 Revit 中是"毫米"为单位，在转换过程中，记得删除小数点。

（3）确定项目基点坐标。我们把项目基点移动（快捷键 MV）到正确的项目坐标位置后，点击裁剪测量点按钮（不要勾选"约束"），会发现项目基点的坐标与所需要测量的 CAD 图坐标一致，见图 3 - 8。

注意：不要让"视点"进入项目的总平图内。

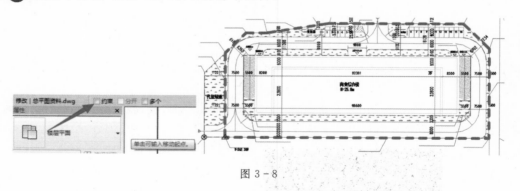

图 3 - 8

◆ 3.5　设置项目测量点

首先定位一个测量点，然后点击"▲"符号，如上面提到的操作设置测量点的南北、东西坐标。

（1）设置南北坐标。打开 CAD 总平图，找到总平图中的"地下车库范围"位置的 X 轴（南北）坐标复制粘贴到对应的 Revit 中的南北轴处，见图 3 - 9。

图 3-9

（2）设置东西坐标。操作同上，将 Y 轴（东西）的坐标复制粘贴到对应的 Revit 中的东西轴处，见图 3-10。

（3）点击"测量点"选择取消"注释裁剪"移动测量点与项目基点位置完全重合，完成项目测量点。见图 3-11。

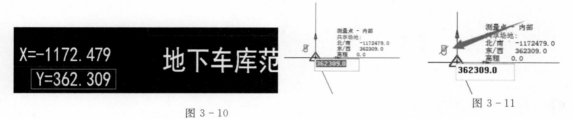

图 3-10

图 3-11

注意：①同样，测量点在 CAD 中的坐标是以"米"为单位，在 Revit 中是"毫米"为单位，在转换过程中，记得删除小数点。②设置测量点时，最终要与设置的项目基点能重合。

◆ 3.6 创建地形表面

在 Revit 创建地形表面中，有三种方式：第一种是"放置点"，通过放置高程点来手动实现地形表面；第二种是通过导入实例，即导入 CAD 地形文件创建地形表面；第三种，是通过"指定文件"即"txt"文件来实现自动化创建地形表面。这里主要以项目案例来讲解，即"放置点"创建地形表面。见图 3-12。

图 3-12

3.6.1 地形创建

点击"体量和场地"选项卡，点击"地形表面"工具，点击"放置点"工具，随意确认总平图四个点位，点击"完成表面"地形生成（可在三维视中图查看）。

3.6.2　地形材质创建

点击地形表面,在属性面板材质下设置"草"材质,复制一个新的材质,重命名为基地材质,点击"使用渲染外观",点击"确定",完成地形表面。见图 3-13。

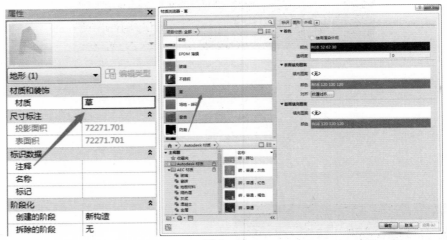

图 3-13

◆ 3.7　红线创建

(1)点击"建筑红线"沿着 CAD 中已有的红线绘制,见图 3-14。

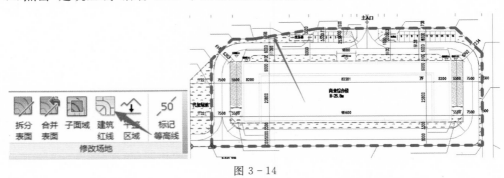

图 3-14

(2)净用地面积不包含道路和绿地。再画一条红线,完善地形表面用地红线,点击"建筑红线"通过手动绘制创建(不包含道路和绿地),双击 ESC 退出绘制模式。

(3)红线显示在"视 3."图中不是很清晰,这是因为 CAD 总平图的比例是 1∶500,而 Revit 总平图比例是 1∶100。所以要将 Revit 比例设置为 1∶500。如图 3-15 所示。

图 3-15

(4)点击粗线显示模式可以更好地观察已绘制的建筑红线。在场地的三维视图中红线是看不到的,场地红线绘制完成以后,接下来确定建筑的边线,由于本建筑带有地下一层车库,所以要进行场地开挖。点击"建筑地平",点击"边界线",绘制的建筑地下室外轮廓线。如图 3-16 所示。

图 3-16

(5)在 Revit 中绘制"边界线"的倒角,我们使用绘图工具当中的"起点端点半径弧。

(6)场地开挖的范围确定之后,开挖的深度为 5.1m,如图 3-17 所示,点击"完成"。为建筑地坪切换到三维视图查看,切换到立面视图看到场地开挖深度是 5.1m。通过尺寸标注可以看到前面的绘制完全正确。我们还可以在地形属性面板下看到地形开挖的面积、体积以及周长,见图 3-18。

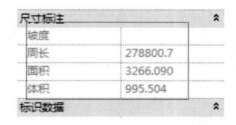

图 3-17   图 3-18

3.8 绘制基地内的道路

(1)切换到"体量场地"选项卡点击"子面域",见图 3-19。

图 3-19

📡注意:(1)"子面域"用于在现有地形表面定义一个面积,使本面积和其他地形表面可以赋予不同的材质,但实际上它们还是在一个平面上。

（2）"拆分表面"与"子面域"不同，"拆分表面"是将一个地形拆分为两部分，它们不会相互关联。

（3）"子面域"绘制时，线必须是完全闭合的，否则不会生成单独的地形表面。沿着 CAD 平面继续绘制道路，绘制完成以后赋予道路材质。见图 3-20。

（2）点开"属性"面板，切换至"材质"对话框，选择相应材质，点击右键重复制，重命名为"基地道路材质"。基地道路材质点击"确定"，完成编辑模式，切换到三维视图查看。见图 3-21。

图 3-20

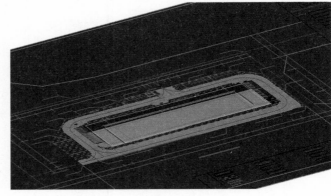

图 3-21

（3）继续点击"子面域"，绘制其他道路。楼层平面图如图 3-22 所示。

注意：在编辑图元当中不要进行保存，这样容易导致系统出错。

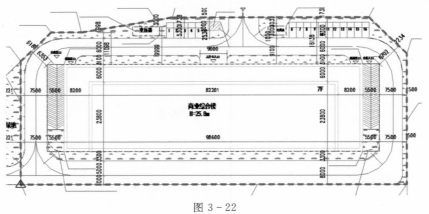

图 3-22

规范梳理

基地总平面设计应用相关

1.基地总平面设计应以所在城市总体规划、分区规划、控制性详细规划及当地主管部门提供的规划条件为依据；规划总平面考虑远期发展时，应做到远近期结合，达到技术经济的合理性。

2.建筑基地控制线的要求见表 3-1。

表 3-1 建筑基地控制线规范要求

控制线名称		描述
红线	用地红线	各类建筑工程项目用地的使用权属范围的边界线
	道路红线	规划的城市道路(含居住区级道路)用地的边界线
	建筑控制线(建筑红线)	有关法规或详细规划确定的建筑物、构筑物的基底位置不得超出的界线
蓝线		水资源保护范围界
绿线		绿化用地规划控制线
紫线		历史文化街区和历史建筑保护范围界限
黄线		城市基础设施用地控制线

3.建筑基地设计原则,见表3-2。

表 3-2 建筑基地设计原则

基地内建筑使用性质应符合城市规划确定的用地性质	
基地地面高程应符合的规定	基地地面高程应按城市规划确定的控制标高设计
	基地地面高程应与相邻基地标高协调,不妨碍相邻各方的排水
	基地地面最低处高程宜高于相邻城市道路最低高程,否则应有排除地面水的措施
相邻基地的关系应符合的规定	建筑物与相邻基地之间应按建筑防火等要求留出空地和道路,当建筑前后各自留有空地或道路,并符合防火规范有关规定时,则相邻基地边界两边的建筑可毗连建造
	建筑物和构筑物均不得影响本基地或其他用地内建筑物的日照标准和采光标准
	除城市规划确定的永久性空地外,紧贴基地用地红线建造的建筑物不得向相邻基地方向设洞口、门、外平开窗、阳台、挑檐、空调室外机、废气排出口及排泄雨水
因地制宜,结合气候条件自然地形、植被建筑环境、地域文化;保护自然资源,节地、节能、节材、节水为人们提供健康适用的空间,以适应建设发展的需要	
总平面设计应考虑安全与防灾(防洪、防海潮、防震、防滑坡、防火、防泥石流等)措施	
基地内建筑物应按其不同功能争取最好朝向和自然通风,满足卫生、安全等规范要求	

4.居住区总平面设计。

(1)基地总平面设计应功能分区合理、路网结构清晰、人流车流有序,并对建筑群里、工程竖向、道路、场地景观、管线设计进行全面综合考虑、统筹兼顾,以达到整体性经济合理。

(2)居住建筑应满足日照、注重朝向、通风及卫生安全等要求。

(3)居住区配套共建项目应按需求设置,与城市协调互补,方便居民生活。

(4)居住区配套的幼儿园、小学出入口不应开向城市交通干道,和住宅之间有便利安全的通行系统,并需考虑与周边共享。

(5)配套商业宜适当集中及沿外周边布置,以利于形成城市公共活动的开放空间与城市设计融合,便于使用、经营及管理。

(6)供电、供气、供热等设施宜靠近负荷中心。

(7)居住区内应考虑雨水收集、中水处理及利用,其规模可按当地主管部门的规定执行。

5.公共建筑总平面设计。

(1)城市主干道两侧不宜设置公共建筑出入口;次干路两侧可设置公共建筑物。

(2)公共建筑应根据建筑性质,满足其室外场地及环境设计要求,分区明确、合理组织人、车交通流线。

(3)表3-3列举为常用公共建筑规划总平面有关规定。

表3-3 常用公共建筑规划总平面有关规定

幼儿园	宜与居住区配套建设
	应选在阳光充足、空气流通、无污染、无噪声干扰及交通危险的安全地段
	服务半径不宜大于500m
	应有便利、安全的人行系统,其出入口不应开向城市交通干道。大门外应留有足够的人、车停留空间
	幼儿园应有足够的室外活动场地,应有不少于1/2的活动面积在标准的建筑日照阴影之外
中小学校	宜与居住区配套建设
	校址应选择在阳光充足、通风良好、无污染的安全地段,不宜与市场、公共娱乐等场所毗邻,与公共娱乐场所、网吧间的距离不得小于200m
	小学服务半径不宜大于500m,中学服务半径不宜大于1000m
	学校用地应包括建筑用地、体育用地、绿化用地、道路用地及广场用地;有条件时宜预留发展用地
	学校主要教师用房的外墙面与铁路同侧边缘路轨的距离不应小于300m,与高速路、地上轨道交通或城市主干道的同侧路边的距离不应小于80m;当小于80m时需采取有效的隔声降噪等措施
	中小学校应设有足够的运动场地,小学需设60m直跑道和200m环形跑道;中学需设置100m直跑道和200m环形跑道及篮球、排球、足球活动场地;有条件的宜设置400m环形跑道
	各类教师的外窗与相对的教学用房或室外运动场地边缘间的最小允许距离为25m
	学校校门不宜开向城镇主干道,主要出入口临街时,校门外应布置缓冲场地;如一般其出入口和城市道路之间应有10m以上足够的缓冲距离,便于临时停车及人员集散
高等院校	新建普通高等院校规划用地按住房和城乡建设部、国家计委、国家教委共同制定的相关规定执行
	高等院校用地分为校舍建设用地、体育设施用地、专用绿地;实验、实习各类用地,按学校自然规模(学生人数)确定;应一次规划,分期实施
	注重院校的可持续发展,为新学科的建设留有一定的空间
	改建普通高等院校应在充分利用原有设施的基础上进行改扩建
	新建普通高等院校规划应适应现代教育发展的整体化趋势,注意相关科系的相对集中,便于形成网络化联系及设备共享
	重视校园的社会开放功能,增加多种教育方式的可能性及充分发挥各类设施的潜能
	校内道路应至少有两处以上与不同方向的城市道路衔接

综合医院	综合医院规模应根据床位数量确定
	综合医院应保证环境安静,远离污染源,交通方便,并宜面临两条城市道路
	基地内应功能分区合理,洁污路线清晰,主体建筑需满足日照和自然通风
	太平间如独立设置时宜设于隐蔽处,并与周围建筑及设施有适当隔离
	职工住宅不宜建在医院基地内,如用地毗连应分隔,另设出入口
	医院基地内应留有足够的机动车停车用地,停车场出入口远离城市道路交叉口
体育建筑	体育中心规划,由于是多个体育场馆组成,项目多,占地面积较大,应考虑同意规划,分项实施
	大型体育建筑应注重交通与出入口布置,出入口不宜少于两处,并以不同方向通向城市道路
	体育建筑观众总出入口的有效宽度按其容纳人数不宜小于 0.15m/100 人确定;室外安全疏散指标,集散场地不得小于 $0.2m^2$/人
	大型体育建筑应注意其交通组织,疏散道路应避免机动车和人流的相互干扰;其疏散宽度不宜小于室外安全疏散指标
	大型体育场馆应考虑多功能使用要求,及其设备、器材的出入等要求
	基地内应考虑机动车停车用地,如基地内不能满足要求,可在临近基地的地区设置,但贵宾、运动员、工作人员的专用停车场宜设在基地内
老年人设施(包括:老年居住建筑及老年大学、老年活动中心、老年服务中心、托老所等)	老年人设施宜靠近居住人口集中地区,地形平坦,交通便捷并距医院或其他医疗建筑交通方便的地段
	老年人居住房屋应处于阳光充足、朝向、通风良好、卫生、无污染及噪声环境中
	居住区内的老年人设施,宜靠近生活服务设施,并应保持一定的独立性,并与庭院绿地结合
	老年人设施宜在室外留有适当的空间,其出入口有不小于 1.50×1.50m 可供轮椅回旋的面积,其室内外高差不宜大于 0.4m,并应设置缓坡
	老年人设施应为老年人提供室外活动及游憩空间,并应结合绿地选择在向阳、避风处
	在非居住区内建设的老年人设施绿化率不应低于 40%,集中绿地面积不低于 $2m^2$/人
	老年人设施场地坡度不应大于 3%,在步行道中设台阶时应设轮椅坡道及扶手
	老年人活动场地附近应设置便于老年人使用的公共卫生间

6.总平面图中建筑物、构筑物定位一般应以测量地形图坐标定位,其中建筑物一般宜以轴线定位,圆形与弧线的建筑物应标注圆心坐标及半径。建筑物以相对尺寸定位时,建筑物以外墙面(含外保温层)之间距离标注尺寸;以相对坐标系统定位时,需注明原点位置与坐标网角度及坐标网格尺寸或与测量坐标网的关系。道路、管线以中心线定位。

 规范梳理

竖向设计相关规范

1.建筑基地地面和道路坡度应符合下列规定:

基地地面和道路坡度规定见表3-4。

表 3-4　基地地面和道路坡度规定

类别		坡度或纵坡	坡长	横向坡度	标注
基地地面		不应小于0.2%	—	—	地面坡度大于8%时宜分成台地,连接处应设挡墙或护坡
基地机动车道	一般路段	不应小于0.2%,亦不应大于8%	不应大于200m	—	—
	个别路段	可不大于11%	不应大于80m	—	—
	多雪严寒地区	不应大于5%	不应大于600m	应为1%～2%	—
基地非机动车道	一般路段	不应小于0.2%,亦不应大于3%	不应大于50m	—	—
	多雪严寒地区	不应大于2%	不应大于100m	应为1%～2%	—
基地步行道	一般路段	不应小于0.2%,亦不应大于8%	—	—	人流活动的主要地段,应设置无障碍人行道
	多雪严寒地区	不应大于4%	—	应为1%～2%	

注:山地和丘陵地区竖向设计还应符合其他有关规范的规定。

2.建筑基地地面排水应符合下列规定:

(1)基地内应有排除地面及路面雨水至城市排水系统的措施,排水方式应根据城市规划的要求确定,有条件的地区应采取雨水回收利用措施。

(2)采用车行道排泄地面雨水时,雨水口形式及数量应根据汇水面积、流量、道路纵坡长度等确定。

(3)单侧排水的道路及低洼易积水的地段,应采取排雨水时不影响交通和路面清洁的措施。

(4)建筑物底层出入口处应采取措施防止室外地面雨水回流。

3.竖向设计的概念

(1)根据建设项目的使用功能要求,结合场地的自然地形特点,平面功能布局与施工技术条件,因地制宜,对场地地面及建、构筑物等的高程作出的设计与安排,称为竖向设计。

(2)竖向设计的基本任务。

①进行场地地面的竖向布置;

②确定建、构筑物额的高程;

③拟定场地排水方案;

④安排场地的土方工程;

⑤设计有关构筑物。

4.场地竖向设计的原则。

(1)满足建、构筑物的使用功能要求。

（2）结合自然地形、减少土方量。

（3）满足道路布局合理的技术要求。

（4）解决场地排水问题。

（5）满足工程建设与使用的地质、水文等要求。

（6）满足建筑基础埋深、工程管线敷设的要求。

5.建筑基地地面和道路坡度应符合下列规定：

（1）基地地面坡度不应小于0.2%；地面坡度大于8%时应分成台地，台地连接处应设挡土墙或护坡。

（2）基地车行道纵坡不应小于0.2%，亦不应大于8%，其长度不应超过200m，个别路段可不大于11%，但其长度不应超过80m，多雪严寒地区不应大于5%，其坡长不应大于600m，且路面应有防滑措施；路面横坡宜为1%～2%。

（3）基地非机动车道的纵坡不应小于0.2%，亦不应大于3%，其长度不应超过50m，多雪严寒地区不应大于2%，其坡长不应大于100m；路面横坡宜为1%～2%。

（4）基地人行道纵坡不应小于0.2%，不大于8%，多雪严寒地区不应大于4%；路面横坡宜为1%～2%。

基地内人流活动的主要地段，应设置无障碍人行道。

 规范梳理

道路、停车场设计相关规范

1.建筑基地内道路应符合下列规定：

（1）基地内应设道路与城市道路相连接，其连接处的车行路面应设限速设施，道路应能通达建筑物的安全出口；

（2）沿街建筑应设连通街道和内院的人行通道（可利用楼梯间），其间距不宜大于80m；

（3）道路改变方向时，路边绿化及建筑物不应影响车有效视距；

（4）基地内设地下停车场时，车辆出入口应设有效显示标志；标志设置高度不应影响人、车通行；

（5）基地内车流量较大时应设人行道路。

2.车道、人行道的宽度及坡度应符合表3-5的规定。

表3-5　车道、人行道的宽度表

与建、构筑物关系		道路级别	居住区道路	小区路	组团路及宅间小路
建筑物面向道路	无出入口	高层	5	3	2
		多层	3	3	2
	有出入口		—	5	2.5
建筑物山墙面向道路		高层	4	2	1.5
		多层	2	2	1.5
围墙面向道路			1.5	1.5	1.5

3.居住区内道路边缘至建、构筑物的最小距离应符合表 3-6 的规定。

表 3-6　道路边缘至建、构筑物的最小距离(m)

道路类别	宽度(m)
单　车　道	不应小于 4m
双　车　道	不应小于 7m
人　行　道	不应小于 1.50m
车行道路改变方向时,应满足车辆最小转弯半径要求;消防车道路应按消防车最小转弯半径要求设置	
利用道路边设停车位时,不应影响有效通行宽度	

注:居住区道路的边缘指红线;小区路、组团路及宅间小路的边缘路面边线。当小区路设有人行便道时,其道路边缘指便道边线。

4.建筑基地内地下车库的出入口设置规定。

(1)地下车库出入口距基地道路的交叉路口或高架路的起坡点不应小于 7.50m;

(2)地下车库出入口与道路垂直时,出入口与道路红线应保持不小于 7.50m 安全距离;

(3)地下车库出入口与道路平行时,应经不小于 7.50m 长的缓冲车道汇入基地道路。

5.停车场的设计。

(1)公用汽车库中汽车设计车型的外廓尺寸可按表 3-7 的规定采用。

表 3-7　汽车设计车型外廓尺寸

车型＼尺寸／项目	外廓尺寸(m)		
	总长	总宽	总高
微型车	3.50	1.60	1.80
小型车	4.80	1.80	2.00
轻型车	7.00	2.10	2.60
中型车	9.00	2.50	3.20(4.00)
大型客车	12.00	2.50	3.20
铰接客车	18.00	2.50	3.20
大型货车	10.00	2.50	4.00
铰接货车	16.50	2.50	4.00

注:专用汽车库可按所停放的汽车外廓尺寸进行设计。括号内尺寸用于中型货车。

(2)汽车库内停车方式应排列紧凑、通道短捷、出入迅速、保证安全和与柱网相协调,并应满足一次进出停车位要求。

(3)汽车库内停车方式可采用平行式、斜列式(有倾角 30°、45°、60°)和垂直式,或混合采用此三种停车方式。

(4)汽车库内汽车与汽车、墙、柱、护栏之间的最小净距应符合表 3-8 的规定。

表 3-8 汽车与汽车、墙、柱、护栏之间最小净距

项目 \ 尺寸 \ 车辆类型	微型汽车 小型汽车(m)	轻型汽车(m)	大、中、铰接 型汽车(m)
平行式停车时汽车间纵向净距	1.20	1.20	2.40
垂直式、斜列式停车时汽车间纵向净距	0.50	0.70	0.80
汽车间横向净距	0.60	0.80	1.00
汽车与柱间净距	0.30	0.30	0.40
汽车与墙、护栏及其他构筑物间净距 纵向	0.50	0.50	0.50
汽车与墙、护栏及其他构筑物间净距 横向	0.60	0.80	1.00

注:纵向指汽车长度方向,横向指汽车宽度方向,净距是指最近距离;当墙、柱外有突出物时,应从其凸出部分外缘算起。

6.汽车库内的通车道宽度可按下列公式计算,但应等于或大于 3.0m。

$$W_d = R_e + Z - \sin\sigma[(r+b)\text{ctg}\sigma + e - L_r]$$

$$L_r = e + \sqrt{(R+S)^2 - (r+b+c)^2} - (c+b)\text{ctg}\alpha$$

$$R_e = \sqrt{(r+b)^2 + e^2}$$

式中:W_d——通车道宽度;

　　S——出入口处与邻车的安全距离可取 300mm;

　　Z——行驶车与车或墙的安全距离可取 500～1000mm;

　　R_e——汽车回转中心至汽车后外角的水平距离;

　　c——车与车的间距;

　　r——汽车环行内半径;

　　a——汽车长度;

　　b——汽车宽度;

　　e——汽车后悬尺寸;

　　R——汽车环行外半径;

　　α——汽车停车角。

上式适用于停车倾角 60°～90°,45°及 45°以下可用图 3-24 后退停车、前进开出停车方式(见图 3-23)。

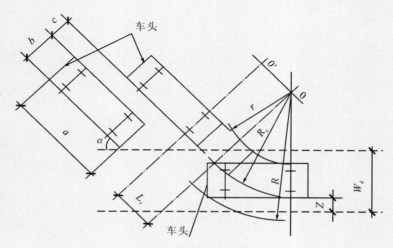

图 3-23 前进停车平面

(1)前进停车、后退开出停车方式,见图3-23、图3-24。

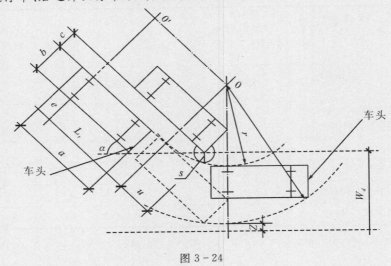

图3-24

(2)各车型的建筑设计中最小停车带、停车位、通车道宽度宜参考表3-9要求。

表3-9 各车型建筑设计最小停车带、停车位、通车道宽度

参数值 停车方式	车型分类 项目	垂直通车道方向的最小停车带宽度 W_e(m)						平行通车道方向的最小停车带宽度 L_t(m)						通车道最小宽度 W_d(m)					
		微型车	小型车	轻型车	中型车	大货车	大客车	微型车	小型车	轻型车	中型车	大货车	大客车	微型车	小型车	轻型车	中型车	大货车	大客车
平行式	前进停车	2.2	2.4	3.0	3.5	3.5	3.5	0.7	6.0	8.2	11.4	12.4	14.4	3.0	3.8	4.1	4.5	5.0	5.0
斜列式	30° 前进停车	3.0	3.6	5.0	6.2	6.7	7.7	4.4	4.8	5.8	7.0	7.0	7.0	3.0	3.8	4.1	4.5	5.0	5.0
	45° 前进停车	3.8	4.4	6.2	7.8	8.5	9.9	3.1	3.4	4.1	5.0	5.0	5.0	3.0	3.8	4.6	5.6	6.6	8.0
	60° 前进停车	4.3	5.0	7.1	9.1	9.9	12	2.6	2.8	3.4	4.0	4.0	4.0	3.0	4.5	7.0	8.5	10	12
	60° 后退停车	4.3	5.0	7.1	9.1	9.9	12	2.6	2.8	3.4	4.0	4.0	4.0	3.6	4.2	5.5	6.3	7.3	8.2
垂直式	前进停车	4.0	5.3	7.7	9.4	10.4	12.4	2.2	2.4	2.9	3.5	3.5	3.5	7.0	9.0	13.5	15	17	19
	后退停车	4.0	5.3	7.7	9.4	10.4	12.4	2.2	2.4	2.9	3.5	3.5	3.5	4.5	5.5	8.0	9.0	10	11

(3)汽车库内坡道可采用直线型、曲线型。可以采用单车道或双车道,其最小净宽应符合表3-10的规定。严禁将宽的单车道兼作双车道。

表 3-10　最小净宽

坡道型式	计算宽度（m）	最小宽度（m）	
		微型、小型车	中型、大型、绞接车
直线单行	单车宽+0.8	3.0	3.5
直线双行	双车宽+2.0	5.5	7.0
曲线单行	单车宽+1.0	3.8	5.0
曲线双行	双车宽+2.2	7.0	10.0

注：此宽度不包括道牙及其他分隔带宽度。

（4）汽车库内通车道的最大纵向坡度应符合表 3-11 的规定。

表 3-11　汽车库内通车道的最大坡度

通道形式　车型　坡度	直线坡道		曲线坡道	
	百分比（%）	比值（高：长）	百分比（%）	比值（高：长）
微型车 小型车	15	1：6.67	12	1：8.3
轻型车	13.3	1：7.50	10	1：10
中型车	12	1：8.3		
大型客车 大型货车	10	1：10	8	1：12.5
绞接客车 绞接货车	8	1：12.5	6	1：16.7

注：曲线坡道坡度以车道中心线计。

（5）汽车库内当通车道纵向坡度大于 10% 时，坡道上、下端均应设缓坡。其直线缓坡段的水平长度不应小于 3.6m，缓坡坡度应为坡道坡度的 1/2。曲线缓坡段的水平长度不应小于 2.4m，曲线的半径不应小于 20m，缓坡段的中点为坡道原起点或止点，见图 3-25。

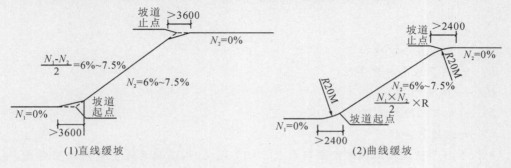

图 3-25

（6）汽车的最小转弯半径可采用表 3-12 的规定。

表 3-12 汽车库内汽车的最小转弯半径

车型	最小转弯半径(m)
微型车	4.50
小型车	6.00
轻型车	6.50~8.00
中型车	8.00~10.00
大型车	10.50~12.00
铰接车	10.50~12.50

(7)汽车库内汽车环形道的最小内半径和外半径按下列公式进行计算(见图 3-26)。

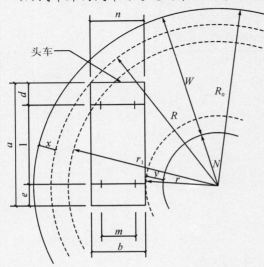

a——汽车长度；

d——前悬尺寸；

b——汽车宽度；

e——后悬尺寸；

L——轴距；

m——后轮距；

n——前轮距；

R——汽车环行内半径；

x——汽车环行时最外点至环道外边距离,宜等于或大于 250mm；

y——汽车环行时最内点至环道内边距离,宜等于或大于 250mm

图 3-26 汽车环道平面

$$W = R_0 - r_2$$

$$R_0 = R + x$$

$$R = \sqrt{(l+d)^2 + (r+b)^2}$$

$$r_2 = r - y$$

$$r = \sqrt{r_1^2 - l^2} - \frac{b+n}{2}$$

式中：W——环道最小宽度；

R_1——汽车最小转弯半径；

R_0——环道外半径；

R——汽车环行外半径；

r_2——环道内半径；

(8)汽车环形坡道除纵向坡度应符合表 3-11 规定外,还应于坡道横向设置超高,超高可按下列公式计算。

$$i_c = \frac{V^2}{127R} - \mu$$

式中:V——设计车速,Km/h;

R——环道平曲线半径(取到坡道中心线半径);

μ——横向力系数,宜为0.1~0.15;

i_c——超高即横向坡度,宜为2%~6%。

(9)当坡道横向内、外两侧如无墙时,应设护栏和道牙,单行道的道牙宽度不应小于0.3m。双行道中宜设宽度不应小于0.6m的道牙,道牙的高度不应小于0.15m。

(10)汽车库室内最小净高应符合表3-13的规定。

表3-13　汽车库内室内最小净高

车型	最小净高(m)
微型车、小型车	2.20
轻型车	2.80
中、大型、绞接客车	3.40
中、大型、绞接货车	4.20

注:净高指楼地面表面至顶棚或其他构件底面的距离,未计入设备及管道所需空间。

(11)汽车库的汽车出入口宽度,单车行驶时不宜小于3.50m,双车行驶时不宜小于6.00m。汽车库出入口处当为城市道路时,其与道路规划红线及通视条件应符合本规范第3.2.8条规定,并宜于出入口上方设防坠落物措施。

(12)汽车库内应采用天然采光,其停车空间天然采光系数不宜小于0.5%或其窗地面积比宜大于1:15。封闭式汽车库的坡道墙上不得开窗,并应采用漫射光照明。

(13)汽车库内可按管理方式和停车位的数量设置相应的值班室、管理办公室、控制室、休息室、贮藏室、卫生间等辅助房间。

(14)三层以上的多层汽车库或二层以下地下汽车库应设置供载人电梯。

(15)汽车库的停车位的楼地面上应设车轮挡,车轮挡宜设于距停车位端线为汽车前悬或后悬的尺寸减200mm处,其高度宜为150~200mm,车轮挡不得阻碍楼地面排水。

(16)汽车库的楼地面应采用强度高、具有耐磨防滑性能的非燃烧体材料,并应设不小于1%的排水坡度和相应的排水系统。

(17)汽车库内坡道面层应采取防滑措施,并宜在柱子、墙阳角及凸出构件等部位设防撞措施。

(18)汽车库内应在每层出入口的显著部位设置标明楼层和行驶方向的标志,宜在楼地面上用彩色线条标明行驶方向和用10~15cm宽线条标明停车位及车位号。在各层柱间及通车道尽端应设置安全指示灯。

 规范梳理

绿化景观环境设计的相关规范

1. 一般规定。

(1)宜采用包括垂直绿化和屋顶绿化等在内的全方位绿化;绿地面积的指标应符合有关规范或当地城市规划行政主管部门的规定;

(2)绿化的配置和布置方式应根据城市气候、土壤和环境功能等条件确定；

(3)绿化与建筑物、构筑物、道路和管线之间的距离，应符合有关规范规定；

(4)应保护自然生态环境，并应对古树名木采取保护措施；

(5)应防止树木根系对地下管线缠绕及对地下建筑防水层的破坏。

2.环境小品设计要点。

园林建筑小品具有精美、灵巧和多样化的特点，设计创作室可以做到"景到随机，不拘一格"，在有限空间得其天趣。园林建筑小品的创作要求是：

(1)根据自然景观和人文风情，创立小品的设计构思；

(2)选择合理的位置和布局，做到巧而得体；

(3)充分反映建筑小品的特色，把它巧妙地运用在园林造型之中；

(4)不破坏原有风格；

(5)通过对自然景物形象的取舍，是小品丰满充实；

(6)充分利用建筑小品的灵活、多元性丰富园林空间；

(7)经济性和实用性相结合，并结合当地气候情况。

3.绿化种植设计。具体规范见表 3－14。

表 3－14 绿化种值规范

植物配置设计	植物配置的原则	根据当地情况选用生长健壮、虫害少，易养护的植物
		各种类型合理配置，采用乔、灌、草、地被植物相结合的复层绿地结构
		力求丰富，形式多样，利用底层架空、屋顶、退层阳台及山墙等形式多样化的立体绿化方式
		种植位置与建筑、地下管线等保持合理距离，乔木需距建筑物 5～8m
		应防止带毒性的植物种置于住宅区、幼儿园、学校及其他儿童活动场地内
	古树名木的保护新建、改建、扩建的建设工程不得影响古树名木的生长	
屋顶绿化	屋顶绿化的类型和布局形式：苗圃式、周边式、庭园式	

 规范梳理

管线综合的相关规范

1.一般规定。

(1)工程管线宜在地下敷设；在地上架空敷设的工程管线及工程管线在地上设置的设施，必须满足消防车辆通行的要求，不得妨碍普通车辆、行人的正常活动，并应防止对建筑物、景观的影响。

(2)与市政管网衔接的工程管线，其平面位置和竖向标高均应采用城市统一的坐标系统和高程系统。

(3)工程管线的敷设不应影响建筑物的安全，并应防止工程管线受腐蚀、沉陷、振动、荷载等影响而损坏。

(4)工程管线应根据其不同特性和要求综合布置。对安全、卫生、防干扰等有影响的工程管线不应共沟或靠近敷设。利用综合管沟敷设的工程管线若互有干扰的应设置在综合管沟的不同沟(室)内。

　(5)地下工程管线的走向宜与道路或建筑主体相平行或垂直。工程管线应从建筑物向道路方向由浅至深敷设。工程管线布置应短捷,减少转弯。管线与管线、管线与道路应减少交叉。

　(6)与道路平行的工程管线不宜设于车行道下,当确有需要时,可将埋深较大、翻修较少的工程管线布置在车行道下。

　(7)工程管线之间的水平、垂直净距及埋深,工程管线与建筑物、构筑物、绿化树种之间的水平净距应符合有关规范的规定。

　(8)七度以上地震区、多年冻土区、严寒地区、湿陷性黄土地区及膨胀土地区的室外工程管线,应符合有关规范的规定。

　(9)工程管线的检查井井盖宜有锁闭装置。

　2.地下管线最小水平及垂直距高。具体规范见表3-15至表3-17。

表3-15　地下管线最小水平及垂直距高

管线名称		给水管	排水管	燃气管			热力管		电力电缆		电信电缆	
				低压	中压	高压	直埋	地沟	直埋	缆沟	直埋	管道
给水管		1.0	1.0	0.5	1.0	1.5	1.5	1.5	0.5	0.5	1.0	1.0
排水管		1.0	0.5	1.0	1.2	1.5	1.5	1.5	0.5	0.5	1.0	1.0
燃气管	低压	0.5	1.0	DN≤300mm 为0.4 DN>300mm 为0.5			1.0	1.0	0.5	0.5	1.0	1.0
	中压	0.5	1.2				1.0	1.5	0.5	0.5	1.0	1.0
	高压	1.0~1.5	1.5~2.0				1.5~2.0	2.0~4.0	1.0~1.5	1.0~1.5	1.0~1.5	1.0~1.5
热力管	直埋	1.5	1.5	1.0	1.0	1.5~2.0	—		2.0	2.0	1.0	1.0
	地沟	1.5	1.5	1.0	1.5	2.0~4.0			2.0	2.0	1.0	1.0
电力电缆	直埋	0.5	0.5	0.5	0.5	1.0~1.5	2.0	2.0	—		0.5	0.5
	地沟	0.5	0.5	0.5	0.5	1.0~1.5	2.0	2.0			0.5	0.5
电信电缆	直埋	1.0	1.0	0.5	0.5	1.0~1.5	1.0	1.0	0.5	0.5	—	
	地沟	1.0	1.0	0.5	0.5	1.0~1.5	1.0	1.0	0.5	0.5		

　注:①表中给水管与排水管之间的净距适用于管径小于或等于200mm,当管径大于200mm时应就大于或等于3.0m。

　②大于或等于10KV的电力电缆与其他任何电力电缆之间应大于或等于0.25m,如加套管,净距可减至0.1m;小于10KV电力电缆之间应大于或等于0.1m。

　③低压燃气管的压力为小于或等于0.005MPa,中压为0.005~0.3MPa,高压为0.3~0.8MPa。

表 3-16　各种地下管线之间最小垂直净距(m)

管线名称		给水管线	污、雨水排水管线	热力管线	燃气管线	电信管线		电力管线	
						直埋	管沟	直埋	管沟
给水管线		0.15	—	—	—	—	—	—	—
污、雨水排水管线		0.40	0.15	—	—	—	—	—	—
热力管线		0.15	0.15	0.15	—	—	—	—	—
燃气管线		0.15	0.15	0.15	0.15	—	—	—	—
电信管线	直埋	0.50	0.50	0.15	0.50	0.25	0.25	——	——
	管沟	0.15	0.15	0.15	0.15	0.25	0.25	—	—
电力管线	直埋	0.15	0.50	0.50	0.50	0.50	0.50	0.50	0.50
	管沟	0.15	0.50	0.50	0.50	0.50	0.50	0.50	0.50
明沟沟底(基础底)		0.5	0.5	0.5	0.5	0.50	0.50	0.50	0.50
涵洞基底(基础底)		0.15	0.15	0.15	0.15	0.20	0.25	0.50	0.50
铁路轨底		1.00	1.20	1.20	1.20	1.00	1.00	1.00	1.00

表 3-17　各种管线与建、构筑物之间的最小水平间距(m)

管线名称		建筑物基础	乔木	灌木	通信照明	铁路钢轨(或坡脚)	城市道路侧石边缘	公路边缘	围墙或路篱	高压铁塔基础边		
										<10kV	10~35kV	>35kV
给水管		1.0	1.5	1.5	0.5	5.0	1.5	1.0	1.5	0.5	3.0	3.0
排水管		2.5	1.5	1.5	0.5	5.0	1.5	1.0	1.5	0.5	1.5	1.5
燃气管	低压	0.7	1.2	1.2	1.0	5.0	1.5	1.0	1.5	1.0	1.0	5.0
	中压	1.5~2.0	1.2	1.2	1.0	5.0	1.5	1.0	1.5	1.0	1.0	5.0
	高压	4.0~6.0	1.2	1.2	1.0	5.0	2.5	1.0	1.5	1.0	1.0	5.0
热力管	直埋	2.5	1.5	1.5	1.0	5.0	1.5	1.0	1.5	1.0	2.0	3.0
	地沟	0.5	1.5	1.5	1.0	5.0	1.5	1.0	1.5	1.0	2.0	3.0
电力电缆	直埋	0.5	1.0	1.0	0.6	3.0	1.5	1.0	1.5	0.6	0.6	0.6
	地沟	0.5	1.0	1.0	0.6	3.0	1.5	1.0	1.5	0.6	0.6	0.6
电信电缆	直埋	1.0	1.0	1.0	0.5	2.0	1.5	1.0	1.5	0.5	0.6	0.6
	地沟	1.5	1.5	1.5	0.5	2.0	1.5	1.0	1.5	0.5	0.6	0.6

　　注:①表中给水管与城市道路侧石边缘的水平间距1.0m适用于管径小于或等于200mm,当管径大于200mm时应大于或等于1.5m;

　　②表中给水管与围墙或篱笆的水平间距1.5m是适用于管径小于或等于200mm,当管径大于200mm时应大于或等于2.5m;

　　③排水管与建筑物基础的水平间距,当埋深浅于建筑物基础时应大于或等于2.5m;

　　④表中热力管与建筑物基础的最小水平间距对于管沟敷设的热力管道为0.5m,对于直埋闭式热力管道管径小于或等于250mm时为2.5m,管径大于或于300mm时为3.0m,对于直埋开式热力管道为5.0m。

 规范梳理

综合技术经济指标以西安市为例

教材案例以西安市综合技术经济指标为依据。具体规范要求如下：

1. 为了加强城市建设规划管理，保证城市规划的顺利实施，提高城市环境质量，根据《中华人民共和国城乡规划法》《陕西省城市规划管理技术规定》《西安市城市规划管理条例》《西安市历史文化名城保护条例》《西安市城市总体规划（2008—2020 年）》和有关法律、法规，结合本市实际情况，制定本规定。

2. 本规定适用于西安市城市规划区建设用地范围内各项建设工程。

本规定中没有明确规定的，由城市规划行政主管部门根据实际情况，参照国家相关法规和技术标准执行。

3. 本市建设用地按其主要用途，参照《城市用地分类与规划建设用地标准》进行分类。

4. 各类建设用地的可兼容性应遵循土地使用相容性的原则，依据《各类建设用地适建范围表》的规定执行。

5. 城市分区：西安城市各类建设用地依据建设用地所处区位分为城市更新改造区、城市新区、新城及县城、乡镇四个层级控制。

6. 建筑基地的建筑容量控制指标（建筑密度、容积率，下同），应按照本章有关规定执行。

7. 人口规模在 3000 人以上的居住项目及用地规模 1 万平方米以上的非住宅建筑项目的建筑容量控制指标可参照本规定表 3-18 西安市各类建设用地建筑密度控制指标表及表 3-19《西安市各类建设用地容积率控制指标表的规定执行。

对于不适用本表约束的建设项目，其建筑容量在满足建筑后退距离、停车、绿地率、消防、日照、卫生视距、公共开放空间、公共服务设施、市政基础设施容量、抗震、防灾、人流集散等规定的前提下，以修建性详细规划确定的指标为准。

表 3-18　西安市各类建设用地建筑密度控制指标表

区　位	住宅建筑类			办公建筑类		商业建筑类		教育科研建筑类	工业建筑类
	多层	中高层	高层	多层	高层	多层	高层	—	—
城市更新改造区	≤28%	≤25%	≤20%	≤50%	≤40%	≤60%	≤55%	≥20%,≤45%	≥30%,≤50%
城市新区	≤28%	≤25%	≤20%	≤40%	≤35%	≤50%	≤45%	≥20%,≤40%	≥30%,≤50%
新城及县城	≤28%	≤25%	≤20%	≤40%	≤35%	≤50%	≤45%	≥20%,≤40%	≥30%,≤50%
乡镇	≤28%	≤25%	≤20%	≤35%	≤30%	≤40%	≤30%	≥20%,≤35%	≥30%,≤50%

注：①住宅建筑类的密度特指住宅建筑净密度。

②居住区（3000 人以上）综合建筑密度纯高层应控制在 27% 以内；多层应控制在 32% 以内；多高层结合的居住区建筑密度应控制在 30% 以内。

表 3-19　西安市各类建设用地容积率控制指标表

区位	居住建筑（3000～10000 人）	居住建筑（10000～30000 人）	居住建筑（30000～50000 人）	行政办公建筑类	商业建筑类	教育科研建筑类	工业建筑类
城市更新改造区	≥2.0,≤6	≥1.7,≤5	≥1.5,≤4	≥1.5,≤3	≥1.5,≤6	≥0.8,≤3.5	≥1
城市新区	≥2.5,≤5	≥2.0,≤4	≥1.7,≤3.5	≥1.0,≤2.5	≥2.0,≤5	≥0.7,≤3	≥1
新城及县城	≥1.7,≤4	≥1.5,≤3.5	≥1.2,≤3	≥1.0,≤2	≥1.5,≤4	≥0.6,≤2.5	≥1
乡镇	≥1.2,≤3.5	≥1.0,≤3	≥0.8,≤2.5	≥0.8,≤1.5	≥1.0,≤3	≥0.6,≤2	≥1

说明：

①居住用地的人口规模分为三级，3000～10000 人、10000～30000 人、30000～50000 人。

②本表中工业用地的容积率按标准厂房容积率计算。

③本表不适用于受国家相关规范和相关行业规范约束而不能达到容积率指标要求的教育科研建筑类和工业建筑类项目。

8. 表 3-18、表 3-19 适用于单一类型的建筑基地。对混合类型建筑基地，其建筑容量控制指标应将建筑基地按使用性质分类划定后，按不同类型分别执行；对难以分类执行的建筑基地，应按不同使用性质的建筑面积比例换算建筑容量控制指标。

9. 对未列入表 3-18、表 3-19 的中小学校、体育场馆以及医疗卫生、文化艺术、幼托等设施的建筑容量控制指标，应按经批准的详细规划和有关专业规定执行。

10. 服务于高等院校的教职工居住生活区用地宜与高等院校教育用地相邻设置。居住用地规模应不大于高等院校教育用地的 10%。

11. 建筑间距应符合本章的规定，并同时符合消防、卫生、环保、抗震、防灾、工程管线和建筑保护等方面的要求。

12. 根据日照、通风的要求和本市建设用地的实际使用情况，住宅建筑主朝向应全部满足下列日照要求（因建筑自身设计引起的自身局部日照不足不计在内）：

(1)城市新区、新城和县城、建制镇满足大寒日日照 2 h 标准；

(2)城市更新改造区内日照满足大寒日日照 1.5 h 的标准；

(3)老(明)城区内日照满足大寒日日照 1 h 的标准；

(4)建筑层高按 3 m 计算，超过 3 m 按实际建筑高度计算；

(5)综合日照影响范围在遮挡建筑高度 1.5 倍范围内考虑，超出该范围不考虑综合日照影响。

13. 住宅建筑之间的最小间距应符合下列规定：

(1)多、低层住宅建筑侧面间距不得小于 6 m。多层住宅建筑相邻面均开居室窗，则之间的最小间距应满足 18 m。

(2)高层住宅建筑与所有住宅建筑间距不得小于 13 m，相邻面均开居室窗时，则之间的最小间距应满足 18 m。

14. 住宅建筑与非住宅建筑之间的最小间距应符合下列规定：

(1)非住宅建筑为遮挡建筑，其最小间距按住宅建筑之间最小间距控制。

（2）非住宅建筑为被遮挡建筑（不包括第15条所述非住宅建筑），其最小间距按非住宅建筑之间最小间距控制，同时考虑住宅建筑的卫生视距。

15.非住宅建筑之间的最小间距应符合下列规定：

（1）高层非住宅建筑之间的最小间距为13 m。

（2）高层非住宅建筑与多、低层非住宅建筑之间的最小间距应符合下列规定：

①建筑平行布置时，其最小间距不小于13 m；

②建筑垂直布置时，其最小间距不小于9 m；

③建筑山墙的最小间距为9 m。

（3）多、低层非住宅建筑的最小间距为6米。

16.幼儿园、托儿所与相邻建筑的间距，应保证被遮挡的上述建筑底层生活用房满窗冬至日不小于3小时的日照标准。活动场地应有不少于1/2的活动面积在标准的建筑日照阴影线之外。

17.医院病房楼、休（疗）养院住宿楼和中小学教学楼与相临建筑的间距，应保证被遮挡的上述文教卫生建筑冬至日满窗日照不小于2 h的标准。

18.学生公寓、宿舍满足大寒日日照1 h的标准。

19.建筑之间如有管线通过，必须满足管线敷设要求。

20.特殊建筑之间、特殊建筑与其它建筑之间间距除满足以上规定外，还应符合相关行业规定。

21.建筑设计应符合相关建筑设计规范。

22.沿建筑基地边界和沿城市道路、公路、河道、铁路、轨道交通两侧以及电力线路保护区范围内的建筑物，其退让距离应符合本章规定，并同时符合消防、环保、防汛和交通安全等方面的要求。

23.沿建筑基地边界的建筑物，其离界距离按以下规定控制。（用地界线与水平线夹角大于45度时，按东西界对待；小于45度按南北界对待）

（1）各类建筑在满足消防、日照及卫生视距的要求下，退南地界距离：

①当规划建筑为住宅建筑时，退界距离不小于12 m。

②多层非住宅建筑退南界不小于6 m，高层非住宅建筑退南界不小于12 m。

③当规划建筑为托幼建筑时，退南界距离不小于18 m。

④当规划建筑为医院病房楼、休（疗）养院、住宿楼和中小学教学楼时，退南界距离不小于16 m。

（2）各类建筑在满足消防、日照及卫生视距的要求下，退北地界距离：

①当规划建筑为住宅建筑时，退北界距离不小于12 m，且满足北侧12 m线处日照要求。

②当规划建筑为多层非住宅建筑时，退北界不小于6 m，高层非住宅建筑时，退北界不小于12 m，且满足北侧12 m线处日照要求。

（3）各类建筑退东、西地界距离：

①规划建筑应满足地界线外侧4.5 m线处日照要求，并满足周边现状住宅建筑的日照要求。若规划建筑为东西向开居室窗的住宅建筑，退界距离不小于9 m，若规划建筑东西向为主朝向，退界距离不小于14 m。

②规划高层建筑在满足消防、日照要求的情况下，退界距离不小于6.5 m。

③规划多、低层建筑在满足消防、日照要求的情况下,退界距离不小于4.5 m。

(4)地下建筑物、围护桩和自用管线不得超越用地界线。

24.当相临地块统一规划建设时,在满足相关建筑设计规范和消防要求的情况下,规划建筑可以联建、共用消防通道。

25.沿城市道路两侧新建、改建建筑,除经批准的详细规划另有规定外,其后退道路规划红线的距离不得小于表3-20、表3-21所列值。

表3-20 住宅建筑后退道路红线距离

道路宽度 建筑高度 后退距离(米)	D≤20 米	20<D≤50		D>50 米	
	生活性	生活性	交通性	生活性	交通性
h≤20 米	3	4	5	5	6
20<h≤60 米	5	6	8	8	10
60<h≤100 米	5	8	10	10	15
h>100 米	15				

表3-22 公共建筑后退道路红线距离

道路宽度 建筑高度 后退距离(米)	D≤20 米	20<D≤50		D>50 米	
		生活性	交通性	生活性	交通性
h≤24 米	5	8	10	10	12
24<h≤100 米	8	10	12	12	15
h>100 米	20				

注:①h——建筑高度;D——道路规划红线宽度。

②道路性质以《西安市城市总体规划》(2008-2020)中道路专项规划为准。

26.新建影剧院、游乐场、体育馆、展览馆、大型商场等有大量人流、车流集散的多、低层建筑(含高层建筑裙房),其面临城市道路的主要出入口后退道路规划红线的距离,除经批准的详细规划另有规定外,不得小于15 m,并应留出临时停车或回车场地。

27.沿城市高架道路两侧新建、改建、扩建建筑,沿高架道路主线边缘线后退距离,不小于30 米;沿高架道路匝道边缘线后退距离,不小于15 米。

28.建筑物的围墙、基础、雨蓬、台阶、标示牌、管线、阳台和附属设施,不得逾越道路规划红线和用地界线。

29.沿公路的建筑物,在城市规划建设用地范围内的路段两侧,按后退城市道路红线要求执行;在其余路段两侧,其后退公路两侧边沟(截水沟、坡脚护坡道)外缘,高速公路不少于30 m,国道不少于20 m,省道不少于15 m,县道不少于10 m,其他道路不少于5 m。

30.建筑物退让规划绿线不得少于4.5m,建筑基底、阳台、雨蓬等出挑部分及由建筑使用所引起的人流活动不得占压绿线。

31.建筑物退让规划紫线的距离,应遵守相关规划及历史文化名城保护规划。

32.城市市政管线及各类设施对周边地区的影响不得超越道路红线和规划黄线。工程管线与建(构)筑物之间的最小净距应符合表 3-23 的规定。

表 3-23 工程管线与建(构)筑物之间的最小净距

地下管线名称			水平距离(米)	架空管线	水平距离(米)
给水管	$d\leqslant200mm$		1.0	电力 10kV 边导线	2.0
	$d>200mm$		3.0	35kV 边导线	3.0
污水、雨水排水管			2.5	110kV 边导线	4.0
燃气管	低压		0.7	电信杆线	2.0
	中压	B	1.5	热力管线	1.0
		A	2.0		
	高压	B	4.0	架空管线	垂直距离
		A	6.0	电力管线 10kV 及以下	3.0
热力管	直埋		2.5	35kV～110 kV	4.0
	地沟		0.5	220 kV 及以上高压线走廊内不得建设任何建筑物	
电力电缆			0.5		
电信电缆	直埋		1.0	电信线	1.5
	管道		1.5	热力管线	0.6

33.沿河道规划蓝线两侧新建、扩建建筑物,其后退河道规划蓝线的距离除有关规划另有规定外,不得小于 4.5 m。

34.沿铁路两侧新建、扩建建筑工程,应符合以下规定:高速铁路两侧的建筑工程与轨道中心线的距离不得小于 50 m;铁路干线两侧的建筑工程与轨道中心线的距离不得小于 30 m;铁路支线、专用线两侧的建筑工程与轨道中心线的距离不得小于 15 m;铁路两侧的围墙与轨道中心线的距离不得小于 10 m,围墙的高度不得大于 3 m。

35.在电力线路保护区范围内,不得新建、改建、扩建建筑物。

沿架空电力线路两侧应保留一定的安全距离,形成高压走廊。

(1)330 千伏,两侧各留 22.5 m;

(2)220 千伏,两侧各留 20 m;

(3)110 千伏,两侧各留 12.5 m;

(4)35 千伏,两侧各留 10 m。

36.规划建筑退让地裂缝应满足《西安市地裂缝场地勘察与工程设计规程》相关要求。

37.建筑物的高度和建筑景观控制应符合本章的规定,并同时符合日照、建筑间距、消防等方面的要求。

38.古城墙以内的区域建筑高度实行分区控制,古城墙内建筑高度不得超过24 m。古城墙内侧 20 m 以内不得建设建筑物、构筑物,沿城墙恢复为马道或者建设为绿地;城墙内侧 100 m 以内建筑高度不得超过 9 m,建筑形式应当采用传统风格;100 m 以外,应以梯级形式过渡,100～130 m 限高 15 m,130～160 m 限高 18 m,过渡区的建筑形式应当为青灰色全坡顶建筑;以东、西、南、北城楼内沿线中心为圆心,半径 100 m 范围内为广场、绿地和道路,周边的建筑物、构筑物应当与城楼的建筑风格、色彩相协调;以东、西、南、北城楼外沿线中心为圆心,半径 200 m 范围内为广场、绿地和道路,半径 200 m 外,建筑高度各以 60 m 距离为过渡区,从 24 m 以下向 36 m 以下、50 m 以下递升;古城墙外侧至护城河范围内只允许建设屋脊高度不超过 6 m 的园林式公共服务设施;护城河至环城路内侧红线范围内只允许建设屋脊高度不超过 12 m 的建筑物;环城路外侧红线以外的建筑高度,以 60 m 距离为过渡区,从 24 m 以下向 36 m 以下、50 m 以下递升。

39. 在历史文化名城、历史文化街区、文物保护单位、保护建筑周围的建设控制地带内和安全保密单位周边新建、改建、扩建建筑物,其控制高度应符合建筑、文物保护和安全保密的有关规定,并按经批准的详细规划执行。

40. 在有净空高度控制的飞机场、气象台、电台和其他无线电通讯(含微波通讯)等特殊设施周围和通道、景观视廊上,新建、扩建和改建建筑物的高度应当符合有关净空高度、通视廊道控制和景观视廊的规定。

41. 建筑基地内的绿地率和道路绿地率应满足表 3-24、表 3-25 要求。

表 3-24　各类用地绿地率控制指标

用地类别	绿地率	
	城市更新改造区	其他区
居住用地	≥25%	≥30%
商业金融	≥20%	≥25%
行政办公、体育、医疗卫生、教育科研用地	≥30%	≥35%
工业用地	≤20%	
公共绿地	≥75	
防护绿地	≥90	
广场用地	≥25	

表 3-25　道路绿地率控制指标一览表

道路类别	绿地率
园林景观路	≤40%
红线宽度大于 50 米	≤30%
红线宽度 40—50 米	≤25%
红线宽度小于 40 米	≤20%

42. 居住区内绿地的总指标,应根据居住人口规模分别达到,组团不少于 0.5 m²/人,小区(含组团)不少于 1.0 m²/人,居住区(含小区和组团)不少于 1.5 m²/人。

43. 城市绿化带应预留沿线单位人行和车行出入口,商业建筑每 50 m 可以设置 3 m 宽的人行出入口,每 80 m 可以设置 4.5 m 宽的车行出入口。

44. 城市地下交通干线、地下营业性设施、地下停车场、地下过街通道等城市地下空间的开发建设,其口部、孔口、管线等部位和设施应当符合人民防空工程的防护要求和相关技术要求规定。

45.县级以上人民政府所在地的城市,新建建筑应充分利用地下空间,可与人防工程相结合,并按照下列规定修建防空地下室:

(1)新建十层(含十层)以上或者基础埋深3 m(含3 m)以上的民用建筑,按照地面首层建筑面积修建六级(含六级)以上防空地下室;

(2)新建除第(1)项规定和居民住宅以外的其他民用建筑,地面总建筑面积在2000 m² 以上的,按照地面建筑面积的百分之二至百分之五修建六级(含六级)以上防空地下室;

(3)开发区、工业园区、保税区和重要经济目标区除第(1)项规定和居民住宅以外的新建民用建筑,按照一次性规划地面总建筑面积的百分之二至百分之五集中修建六级(含六级)以上防空地下室;

(4)新建除第(1)项规定以外的人民防空重点城市的居民住宅楼,按照地面首层建筑面积修建6B级防空地下室;

(5)人民防空重点城市危房翻新住宅项目,按照翻新住宅地面首层建筑面积修建6B级防空地下室。

按前款第(2)项、第(3)项规定的幅度具体划分:一类人民防空重点城市按照百分之四至百分之五修建;二类人民防空重点城市按照百分之三之百分之四修建;三类人民防空重点城市和其他城市(含县城)按照百分之二之百分之三修建。

新建防空地下室的抗力等级和战时用途由县级以上人民政府人民防空主管部门确定。

46.地下通道的设计应与地上、地下建筑物密切配合,出入口应安排人流集散用地,其面积不小于50 m²。

47.城市更新改造区内城市开放空间引导措施:

土地使用者(指住宅建筑、商业建筑类)在相应地块内提供城市开放空间,对于开发后大于规划标准要求的公共活动空间,政府可给予建筑面积奖励。土地使用者为公众提供自由使用的城市开放空间(使用面积不小于150 m²),根据城市更新改造区控制容积率上限核定允许其增加建筑面积数量,每提供1 m² 城市开放空间,允许增加建筑面积4 m²。

48.城市更新改造区内公益设施引导措施:

土地使用者(指住宅建筑、商业建筑类)在相应地块内,额外为城市提供公益设施(公共厕所、文化活动场所及警务室、青少年、老年活动站室等),并向公众提供无偿使用的,每提供1平方米建筑面积,允许增加建筑面积6 m²。

提供中小学用地超过额定指标的部分,每提供1 m²,允许增加建筑面积4 m²。

49.城市更新改造区内建筑密度引导措施

土地使用者(指住宅建筑、商业建筑类)在相应地块内降低建筑密度,对于开发后建筑密度低于规划标准的,可给予建筑面积奖励。每降低建筑密度控制指标1个百分点,允许增加2个百分点建筑基地面积的建筑面积。

50.城市新区内城市开放空间引导措施:

在城市新区内的建设项目(指住宅建筑、商业建筑类),提供0.2公顷(一面临街,面宽大于进深2倍或两面临街)以上土地或完整街廓做为城市开放空间,可以在原定容积率上限的基础上获得提供城市开放空间面积的2倍奖励。

📢注意:本条文中的城市开放空间不含因建筑规定要求后退距离产生的用地面积及居住区配建要求产生的绿地及各类公共活动空间面积。

·第4章 创建标高和轴网

　　在 Revit Architecture 中,标高和轴网是建筑模型在平、立、剖面视图中定位的重要依据,二者存在密切关系。作者建议:先创建标高,再创建轴网。这样在立面视图中轴线的顶部端点将自动位于屋顶层平面处,也就是屋顶层标高线之上,轴线与所有标高线相交,最后所绘制的轴网会在所有有楼层平面视图中会显示。

　　((•))注意:先创建标高,后创建轴网。这一点对体育场等具有放射形轴网的建筑尤其重要。因为在建筑四个正立面上只能看到部分轴线,无法将所有轴线显示,我们将轴网标头调整到最顶层的标高之上,在创建的平面视图中将显示所有轴线。

◆ 4.1　绘制标高

　　在项目浏览器中点击立面视图工具(建筑立面),Revit 会自动切换到南立面视图,从中可以看到 Revit 中自带的标高符号,标高 1 和标高 2。

　　鼠标左键点击左上角的"类型属性",出现"类型属性"对话框,点击"轴线末段颜色",将标高轴线颜色改为红色,线型图案默认的是中心线,这里将它改为轴网线见图 4-1。将端点 1 处的默认符号勾选,这样符合我们日常作图习惯。双击标高 1 可以修改标高处的标头为 F1。这时候 Revit 会自动提示"是否希望重命名相应视图",点击"是",这时轴网表头就会被修改为F1。其他标头注释与 F1 相同。

类型属性	✕
族(F): 系统族:轴网 ▼	载入(L)...
类型(T): 6.5mm 编号间隙 ▼	复制(D)...
	重命名(R)...

类型参数

参数	值
图形	
符号	符号_单圈轴号:宽度系数 0.65
轴线中段	连续 ▼
轴线末段宽度	1
轴线末段颜色	■红色
轴线末段填充图案	轴网线
平面视图轴号端点 1 (默认)	☑
平面视图轴号端点 2 (默认)	☑
非平面视图符号(默认)	底

<< 预览(P)	确定	取消	应用

图 4-1

◆ 4.2　修改标高

只需要修改标高符号上的数字,Revit 会自动将标高线变换到所需要位置。见图 4 - 2。

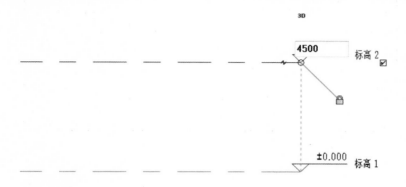

图 4 - 2

点击 F2 标高,输入快捷键 Ctrl＋C(复制),在 F2 处的标高已经被蓝色的线框勾选出来,在进行复制时必须勾选"约束"及"多个"(见图 4 - 3),输入需要的距离和层高,在 F2 处找一个基点拖拽鼠标到我们需要的方向,开始复制。

图 4 - 3

◆ 4.3　修改标高的上标头和下标头

点击需要修改的标头,这时属性面板就会出现所选图元的属性信息,只需要将标头修改为需要的即可。见图 4 - 4。

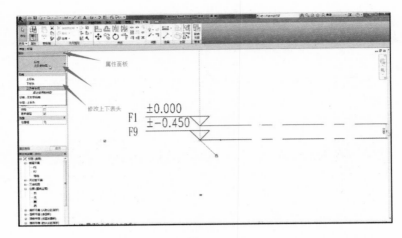

图 4 - 4

◆ 4.4 添加楼层平面视图

（1）点击视图"选项卡"，点击"平面视图"工具。这时 Revit 会出现下拉菜单，点击"楼层平面"，出现楼层平面对话框，全部选中需要添加的楼层平面，点击"确定"。这时所绘制的新的标高就会被添加到楼层平面视图中去。如图 4-5、图 4-6 所示。

图 4 - 5

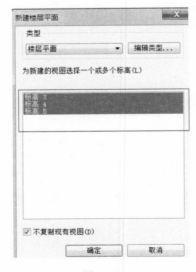

图 4 - 6

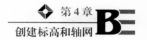

◆ 4.5 绘制轴网

在平面图和立面视图中手动调整轴线标头位置,与标高编辑方法一样,选择任意一根轴线,会显示临时尺寸、一些控制符号和复选框,可以编辑其尺寸值,单击并拖拽控制符号可整体或单独调整标高标头位置,控制标头隐藏或显示、标头偏移等操作。见图4-7。

图4-7

(1)先绘制一条纵向轴线,它的编号为1,点击轴线1选中它,输入快捷键Ctrl+C(复制),将鼠标移动到需要的方向。通过输入距离复制其他轴线。如图4-8所示。

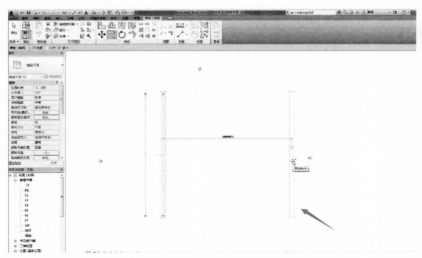

图4-8

(2)通过"注释"选项卡中的"对齐"命令可以查看轴网的间距是否一致。见图4-9。

图4-9

（3）选中轴网（或标高），当高亮显示时，其旁边会显示"3D"，说明它是与其他视图上同类图元所关联的，在修改时，只需要将任意视图上的轴网或者标高进行调整，那么其他视图上的同类图元也会自动编辑，见图 4 - 10。3D 编辑会影响其他同类图元，但不影响 2D 图元；也就是说，当将注释图元裁剪为 2D 再进行编辑时，将不会对其他视图造成影响。

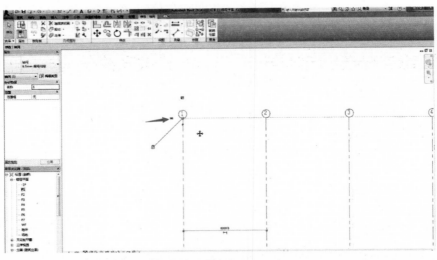

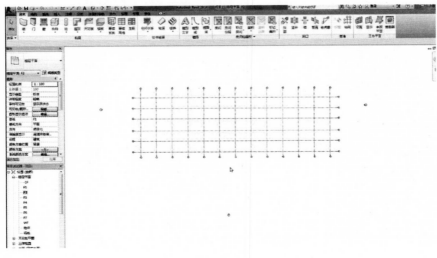

图 4 - 10

 规范梳理

建筑分类的相关规范

1. 按使用功能分类。

（1）建筑按使用能共分为民用建筑与工业建筑。

（2）民用建筑可分为居住建筑与公共建筑，具体分类详见表 4 - 1。

表4-1 民用建筑分类

建筑类别	名称	层数或高度	
住宅建筑	低层信宅	一层至三层	《民用建筑设计通则》GB50352—2005 第三章
	多层住宅	四层至六层	
	中高层住宅	七层至九层	
	高层住宅	十层以上	
分类	建筑类别	建筑物举例	
居住建筑	住宅建筑	住宅、公寓、别墅、宿舍等	
公共建筑	行政办公建筑	机关、企事业单位的办公楼	
	文教建筑	学校、图书馆、文化宫等	
	托教建筑	托儿所、幼儿园等	
	科研建筑	研究所、科学实验楼等	
	医疗建筑	医院、门诊部、疗养院等	
	商业建筑	商店、商场、购物中心等	
	观览建筑	电影院、剧院、购物中心等	
	体育建筑	体育馆、体育场、健身房、游泳池等	
	旅馆建筑	旅馆、宾馆、招待所等	
	交通建筑	航空港、水路客运站、火车站、汽车站、地铁站等	
	通讯广播建筑	电信楼、广播电视台、邮电局等	
	园林建筑	公园、动物园、植物园、亭台楼榭等	
	纪念性建筑	纪念堂、纪念碑、陵园等	
	其他类建筑	监狱、派出所、消防站等	

2. 按建筑高度分类。见表4-2。

表4-2 建筑分类(按多层和高层分类)

建筑类别		名称	层数或高度	
住宅建筑	公共建筑	低层住宅	一层至三层	《民用建筑设计通则》GB50352—2005 第三章
		多层住宅	四层至六层	
		中高层住宅	七层至九层	
		高层住宅	十层以上	
		单层、多层建筑	$H \leq 24m$ 的其他建筑,$H > 24m$ 的单层公共建筑;地下、半地下建筑(包括建筑附属的地下室、半地下室)	
		高层建筑	$H > 24m$ 的公共建筑(不含单层公共建筑)	
		超高层建筑	$H > 100m$ 的民用建筑	
工业建筑	厂房仓库	多层厂房仓库	≥ 2 层,且 $H < 24m$	
		高层厂房仓库	≥ 2 层,且 $H > 24m$	
		高架仓库	货架高度 $> 7m$,且机械化操作或自动化控制的货架仓库	

3.按防火规范分类。见表4-3。

表4-3　建筑分类(按防火规范分类)

名称	一类	二类
居住建筑	十九层及十九层以上的住宅	十层至十八层的住宅
公共建筑	1.医院 2.高级旅馆 3.建筑高度超过50m或者24m以上部分的任一楼层的建筑面积超过1000m²的商业楼、展览楼、综合楼、电信楼、财贸金融楼 4.建筑高度超过50m或者24m以上部分的任一楼层的建筑面积超过1500m²的商住楼 5.中央级和省级(含计划单列市)广播电视楼 6.网局级和省级(含计划单列市)电力调度楼 7.省级(含计划单列市)邮政楼、防灾指挥调度楼 8.藏书超过100万册的图书馆、书库 9.重要的办公楼、科研楼、档案楼 10.建筑高度超过50m的教学楼和普通的旅馆、办公楼、科研楼、档案楼等	1.除一类建筑以外的商业楼、展览楼、综合楼、电信楼、财贸金融楼、商住楼、图书馆、书库 2.省级以下的邮政楼、防灾指挥调度楼、广播电视楼、电力调度楼 3.建筑高度不超过50m的教学楼和普通的旅馆、办公楼、科研楼、档案楼等

注:见《高层民用建筑设计规范》(GB50045—95)中的3.0.1规定内容。

4.民用建筑按工程规模分类,见表4-4。

表4-4　民用建筑规模分类

建筑类别	规模	指标使用要求	备注
商场百货商店	大型	>15000m²	参见《商店建筑设计规范》(JGJ48—2014)第一章
	中型	3000～15000m²	
	小型	>3000m²	
专业商店	大型	>5000m²	
	中型	1000～5000m²	
	小型	>1000m²	
菜市场	大型	>6000m²	
	中型	1200～6000m²	
	小型	>1200m²	
电影院	特大型	1800座以上,观众厅不宜少于11个	参见《电影院建筑设计规范》(JGJ58—2008)第四章
	大型	1201～1800座,观众厅不宜少于8～10个	
	中型	701～1200座,观众厅不宜少于5～7个	
	小型	700座以下,观众厅不宜少于4个	
剧场	特大型	>1601座	话剧、戏剧场不能超过1200座;歌舞剧场不宜超过1800座 参见《剧场建筑设计规范》(JGJ57—2000)第一章
	大型	1201～1600座	
	中型	801～1200座	
	小型	300～800座	

续表4-4

建筑类别	规模	指标使用要求	备注
汽车库	特大型	＞500辆	参见《汽车库建筑设计规范》(JGJ100－2015)第一章
	大型	301～500辆	
	中型	51～300辆	
	小型	＜50辆	
体育建筑	特大型	60000座以上	参见《体育建筑设计规范》(JGJ31－2003)第五章
	大型	40000～60000座	
	中型	20000～40000座	
	小型	20000以下	
	特级	举办亚运会、奥运会及世界级比赛主场	参见《体育建筑设计规范》(JGJ31－2003)第一章
	甲级	举办全国性和单项国际比赛	
	乙级	举办地区性和全国单项比赛	
	丙级	举办地方性、群众性运动会	

5.按设计使用年限分类,见表4-5、表4-6。

4-5 民用建筑设计使用年限分类别表

类别	设计使用年限(年)	示例	备注
1	5	临时性建筑	参见《建筑结构可靠度设计统一标准》第一章
2	25	易于替换结构构件建筑	
3	50	普通建筑和构筑物	
4	100	纪念性建筑和特别重要的建筑	

4-6 体育建筑、剧场建筑主体结构使用年限表

体育建筑		剧场建筑	
建筑等级	主体结构设计使用年限（年）	建筑等级	耐久使用年限（年）
特级	＞100	甲等	＞100
甲级、乙级	50～100	乙等	51～100
丙级	25～50	丙等	25～50
参见《体育建筑设计规范》第一章		参见《剧场建筑设计规范》第一章	

 规范梳理

建筑高度、层数、层高、净高等相关规范

1.建筑高度。

建筑高度按下列规定计算:

(1)平屋面建筑:挑檐屋面自室外地面算至檐口挑出宽度;有女儿墙的屋面,自室外地面算至女儿墙顶。

(2)坡屋面建筑:屋面坡度小于45°自室外地面算至檐口顶加上檐口挑出宽度;坡度45°的,自室外地面算至屋脊顶。

（3）水箱、楼梯间、电梯间、机械房等突出屋面的附属设施，其高度在 6 米以内，且水平面积之和不超过屋面建筑面积 1/8 的，不计入建筑高度。

2. 建筑层数。一般建筑的层高在 2.2m 以上的楼板结构按层计层数，但不包括以下情况：建筑物屋顶另加构架但不设围合外墙者；建筑的地下室、半地下室的顶板面高出室外设计地面的高度≤1.5m 者，建筑底部设置的局度不超过 2.2m 的自行车库、储藏室、敞开空间，以及建筑屋顶上突出的局部设备用房、出屋面的楼梯问等，可不计入建筑层数内。（建规）

3. 建筑安全设计。

（1）安全出口设置。具体要求见表 4-7。

表 4-7　安全出口设置的具体要求

公共建筑和通廊式居住建筑安全出口的数目不应少于两个	一个房间的面积不超过 60m²，且人数不超过 50 人时，可设一个房门
	位于走道尽端的房间（托儿所、幼儿园除外）内由最远一点到房门口的直线距离不超过 14m，且人数不超过 80 人时，也可设一个向外开启的房门，但门的净宽不应小于 1.40m

（2）防洪防滑坡安全设计应注意以下事项：

①山地建筑应注意山坡态势、坡度、土质、稳定性等因素采取护坡、挡土坡等防护措施。

②按当地洪水量确定截洪排洪措施。

（3）设备用房安全设计。

表 4-8　设备用房安全设计的要求

分类	安全设计要求
消防控制室（中心）	附设在建筑物内的消防控制室应设置在建筑物首层的靠外墙部位或地下一层，并应设直通室外的安全出口
	不应将消防控制室设于厕所、锅炉房、浴室、汽车库等的贴邻和上、下层对应房间
	不应设置在电磁场干扰较强及其他可能影响消防控制设备工作的设备用房附近
	严禁与消防控制室无关的电气线路和管路穿过
	宜于防灾监控、广播、通信设施等用房相邻近
	可单独设置，亦可与安防系统建筑设备监控系统合用控制室
柴油发电机房	宜布置在建筑物的首层或地下一、二层，且宜靠两面外墙以解决进出风问题
	应采用耐火极限不低于 2h 的隔墙和 1.5h 的楼板与其他部位隔开，门应采用甲级防火门
	应设储油间；储油间宜靠外墙，其总储油量不应超过 8h 的需要量
	应设火灾自动报警系统
	应妥善解决防噪消声、防振、通风等
水泵房及水池	不应设在有防振或安静要求的房间的上下和毗邻之处，宜设在地下室或独立单建
	生活水池应采用独立结构形式，埋地生活饮用水、贮水池与化粪池的净距不应小于 10m；污水泵房应单独设置
锅炉房	燃气、燃油锅炉房应设自动灭火系统和通风系统
	燃用液化石油气的锅炉房和有液化石油气管道穿越的室内地面处，严禁铺设能通往室外的管沟或地道等设施
	锅炉房外墙、楼地面或屋面，应有相应的防爆措施
	应设置防火墙与其他房间隔开
	与相邻辅助间之间隔墙应为防火墙，并应开设防火门和采用具有防爆能力的固定窗

4.避难层。建筑高度大于100m的公共建筑,应设置避难层(间)。

避难层(间)应符合下列规定:

(1)第一个避难层(间)的楼地面至灭火救援场地地面的高度不应大于50m,两个避难层(间)之间的高度不宜大于50m。

(2)通向避难层的疏散楼梯应在避难层分隔、同层错位或上下层断开。

(3)避难层(间)的净面积应能满足设计避难人数避难的要求,并宜按5.0人/m²计算。

(4)避难层可兼作设备层。设备管理宜集中布置,其中的易燃、可燃液体或气体管道应集中布置,设备管道区应采用耐火极限不低于3.00h的防火隔墙与避难区分隔。管道井和设备间应采用耐火极限不低于2.00h的防火隔墙与避难区分隔,管道井和设备间的门不应直接开向避难区;确需直接开向避难区时,与避难层区出入口的距离不应小于5m,且应采用甲级防火门。

避难间内不应设置易燃、可燃液体或气体管道,不应开设除外窗、疏散门之外的其他开口。

(5)避难层应设置消防电梯出口。

(6)应设置消火栓和消防软管卷盘。

(7)应设置消防专线电话和应急广播。

(8)在避难层(间)进入楼梯间的入口处和疏散楼梯通向避难层(间)的出口处,应设置明显的指示标志。

(9)应设置直接对外的可开启窗口或独立的机械防烟设施,外窗应采用乙级防火。

注意:对于大于54m但不大于100m的住宅建筑,尽管规范不强制要求设置避难层,但此类建筑较高,为增强此类建筑户内的安全性能,规范对户内的一个房间提出了防火要求,为户内人员因特殊情况无法通过楼梯疏散而需要待在房间等待救援提供一定的安全条件。

规范梳理

各种用房人口密度的相关规范

各种用房人口密度的具体要求见表4-9。

表4-9 各种主要用房的人口密度表

序号	房 间 名 称			人口密度 P(人/m²)
1	人员密集的房间(影剧院、会堂等)			1~2
2	教育用房(如教室等)			0.7~1
3	商业用房	一般商场		0.5~0.7
		黄金地段商场		1
		特大型商场		1.2~1.5
4	办公楼	一般办公楼		12—18
		高层办公楼	普通办公室	0.25
			单间办公室	0.1

序号	房 间 名 称		人口密度 P(人/m²)
5	会议室		1.0
6	住宿用房(旅馆、宿舍、住宅等)		0.1~0.2
7	餐厅、食堂		0.5~0.8
8	宴会厅		1.25
9	图书馆		0.4
10	美容理发		0.2
11	娱乐场	酒吧	0.6
		娱乐室	0.3
		录像、放映厅	1.0
		歌舞厅、游艺场	0.5
12		坐作业	0.3
		立作业	0.1
13	集散广场		1.0~1.4

注:(1)表中人口密度中的面积(m²)是指有效使用面积,约占建筑面积的60%。
(2)建筑的安全疏散计算应符合有关"防火规范"规定。
(3)凡有确定人数设计的用房,其人数按设计人数确定。

 规范梳理

建筑防火要求

根据物质的火灾危险特性,定性或定量地规定了生产和储存建筑的火灾危险性分类原则,石油化工、石油天然气、医药等有关行业还可根据实际情况进一步细化。

1. 生产的火灾危险性应根据生产中使用或产生的物质性质及其数量等因素划分,可分为甲、乙、丙、丁、戊类,并应符合表4-10的规定。

表 4-10　生产的火灾危险性分类

生产的火灾危险性类别	使用或产生下列物质生产的火灾危险性特征
甲	1.闪点小于28℃的液体 2.爆炸下限小于10%的气体 3.常温下能自行分解或在空气中氧化能导致迅速自燃或爆炸的物质 4.常温下受到水或空气中水蒸气的作用,能产生可燃气体并引起燃烧或爆炸的物质 5.遇酸、受热、撞击、摩擦、催化以及遇有机物或硫尔等易燃的无机物,极易引起燃烧或爆炸的强氧化剂 6.受撞击、摩擦或与氧化剂、有机物接触时能引起燃烧或爆炸的物质 7.在密闭设备内操作温度不小于物质本身自燃点的生产

续表 4-10

生产的火灾危险性类别	使用或产生下列物质生产的火灾危险性特征
乙	1. 闪点不小于28℃但小于60℃的液体 2. 爆炸下限不小于10%的气体 3. 不属于甲类的氧化剂 4. 不属于甲类的易燃固体 5. 助燃气体 6. 能与空气形成爆炸性混合物的浮游状态的粉尘、纤维、闪点不小于60℃的液体雾滴
丙	1. 闪点不小于60℃的液体 2. 可燃固体
丁	1. 对不燃烧物质进行加工，并在高温或熔化状态下经常产生强辐射热、火花或火焰的生产 2. 利用气体、液体、固体作为燃料或将气体、液体进行燃烧作其他用的各种生产 3. 常温下使用或加工难燃烧物质的生产
戊	常温下使用或加工不燃烧物质的生产

生产的火灾危险性分类受众多因素的影响，设计还需要根据生产工艺、生产过程中使用的原材料以及产品及其副产品的火灾危险性以及生产时的实际环境条件等情况确定。为便于使用，表4-11列举了部分常见生产的火灾危险性分类。

表 4-11 生产的火灾危险性分类举例

生产的火灾危险性类别	举例
甲类	1. 闪点小于28℃的油品和有机溶剂的提炼、回收或洗涤部位及其泵房，橡胶制品的涂胶和胶浆部位，二硫化碳的粗馏、精馏工段及其应用部位，青霉素提炼部位，原料药厂的非纳西汀车间的烃化、回收及电感精馏部位，皂素车间的抽提、结晶及过滤部位，冰片精制部位，农药厂乐果厂房，敌敌畏的合成厂房、磺化法糖精厂房，氯乙醇厂房，环氧乙烷、环氧丙烷工段，苯酚厂房的磺化、蒸馏部位，焦化厂吡啶工段，胶片厂片基车间，汽油加铅室，甲醇、乙醇、丙酮、丁酮异丙醇、醋酸乙酯、苯等的合成或精制厂房，集成电路工厂的化学清洗间（使用闪点小于28℃的液体），植物油加工厂的浸出车间；白酒液态法酿酒车间、酒精蒸馏塔，酒精度为38度及以上的勾兑车间、灌装车间、酒泵房；白兰地蒸馏车间、勾兑车间、灌装车间、酒泵房 2. 乙炔站，氢气站，石油气体分馏（或分离）厂房，氯乙烯厂房，乙烯聚合厂房，天然气、石油伴生气、矿井气、水煤气或焦炉煤气的净化（如脱硫）厂房压缩机室及鼓风机室，液化石油气灌瓶间，丁二烯及其聚合厂房，醋酸乙烯厂房，电解水或电解食盐厂房，环乙酮厂房，乙基苯和苯乙烯厂房，化肥厂的氢氮气压缩厂房，半导体材料厂使用氢气的拉晶间，硅氧热分解室 3. 硝化棉厂房及其应用部位，赛璐珞厂房，黄磷制备厂房及其应用部位，三乙基铝厂房，染化厂某些能自行分解的重氮化合物生产，甲胺厂房，丙烯腈厂房 4. 金属钠、钾加工厂房及其应用部位，聚乙烯厂房的一氧二乙基铝部位，三氯化磷厂房，多晶硅车间三氯氢硅部位，五氧化二磷厂房 5. 氯酸钠、氯酸钾厂房及其应用部位，过氧化氢厂房，过氧化钠、过氧化钾厂房，次氯酸钙厂房 6. 赤磷制备厂房及其应用部位，五硫化二磷厂房及其应用部位 7. 洗涤剂厂房石蜡裂解部位，冰醋酸裂解厂房

续表 4-11

生产的火灾危险性类别	举例
乙类	1.闪点大于等于 28℃至小于 60℃的油品和有机溶剂的提炼、回收、洗涤部位及其泵房,松节油或松香蒸馏厂房及其应用部位,醋酸酐精馏厂房,乙内酰胺厂房,甲酚厂房,氯丙醇厂房,樟脑油提取部位,环氧氯丙烷厂房,松针油精制部位,煤油灌桶间 2.一氧化碳压缩机室及净化部位,发生炉煤气或鼓风炉煤气净化部位,氨压缩机房 3.发烟硫酸或发烟硝酸浓缩部位,高锰酸钾厂房,重铬酸钠(红矾钠)厂房 4.樟脑或松香提炼厂房,硫磺回收厂房,焦化厂精萘厂房 5.氧气站,空分厂房 6.铝粉或镁粉厂房,金属制品抛光部位,煤粉厂房、面粉厂的碾磨部位、活性炭制造及再生厂房,谷物简仓的工作塔,亚麻厂的除尘器和过滤器室
丙类	1.闪点大于等于 60℃的油品和有机液体的提炼、回收工段及其抽送泵房,香料厂的松油醇部位和乙酸松油脂部位,苯甲酸厂房,苯乙酮厂房,焦化厂焦油厂房,甘油、桐油的制备厂房,油浸变压器室,机器油或变压油灌桶间,润滑油再生部位,配电室(每台装油量大于 60kg 的设备),沥青加工厂房,植物油加工厂的精炼部位 2.煤、焦炭、油母页岩的筛分、转运工段和栈桥或储仓,木工厂房,竹、藤加工厂房,橡胶制品的压延、成型和硫化厂房,针织品厂房,纺织、印染、化纤生产的干燥部位,服装加工厂房,棉花加工和打包厂房,造纸厂备料、干燥车间,印染厂成品厂房,麻纺厂粗加工车间,谷物加工房,卷烟厂的切丝、卷制、包装车间,印刷厂的印刷车间,毛涤厂选毛车间,电视机、收音机装配厂房,显像管厂装配工段烧枪间,磁带装配厂房,集成电路工厂的氧化扩散间、光刻间,泡沫塑料厂的发泡、成型、印片压花部位,饲料加工厂房,畜(禽)屠宰、分割及加工车间、鱼加工车间
丁类	1.金属冶炼、锻造、铆焊、热轧、铸造、热处理厂房 2.锅炉房,玻璃原料熔化厂房,灯丝烧拉部位,保温瓶胆厂房,陶瓷制品的烘干、烧成厂房,蒸汽机车库,石灰焙烧厂房,电石炉部位,耐火材料烧成部位,转炉厂房,硫酸车间焙烧部位,电极煅烧工段配电室(每台装油量小于等于 60kg 的设备) 3.难燃铝塑料材料的加工厂房,酚醛泡沫塑料的加工厂房,印染厂的漂炼部位,化纤厂后加工润湿部位
戊类	制砖车间,石棉加工车间,卷扬机室,不燃液体的泵房和阀门室,不燃液体的净化处理工段,除镁合金外的金属冷加工车间,电动车库,钙镁磷肥车间(焙烧炉除外),造纸厂或化学纤维厂的浆粕蒸煮工段,仪表、器械或车辆装配车间,氟利昂厂房,水泥厂的轮窑厂房,加气混凝土厂的材料准备、构件制作厂房

 规范梳理

总平面布局

1.在总平面布局中,应合理确定建筑的位置、防火间距、消防车道和消防水源等,不宜将建筑布置在甲、乙类厂(库)房,甲、乙、丙类液体储罐,可燃气体储罐和可燃材料堆场的附近。

【条文说明】本条结合各地建设的实际情况,根据《中华人民共和国消防法》第二十二条规定,提出了在建筑设计阶段要合理进行总平面布置,特别要避免在甲、乙类厂房和仓库,可燃液体和可燃气体储罐以及可燃材料堆场的附近布置民用建筑,以从根本上防止和减少建筑火灾的相互影响。

2.民用建筑之间的防火间距不应小于表4-12的规定,与其他建筑的防火间距,除应符合《建筑设计防火规范》(GB50016—2014)第4.15.2节的规定外,尚应符合本规范其他章的有关规定。

表4-12   民用建筑之间的防火间距(m)

建筑类别		高层民用建筑	裙房和其他民用建筑		
		一、二级	一、二级	三级	四级
高层民用建筑	一、二级	13	9	11	14
裙房和其他民用建筑	一、二级	9	6	7	9
	三级	11	7	8	10
	四级	14	9	10	12

注:(1)相邻两座单、多层建筑,当相邻外墙为不燃性墙体且无外露的可燃性屋檐,每面外墙上无防火保护的门、窗、洞口不正对开设且该门、窗、洞口的面积之和不大于外墙面积的5%时,其防火间距可按本表的规定减少25%。

(2)两座建筑相邻较高一面外墙为防火墙,或高出相邻较低一座一、二级耐火等级建筑的屋面15m及以下范围内的外墙为防火墙时,其防火间距不限。

(3)相邻两座高度相同的一、二级耐火等级建筑中相邻任一侧外墙为防火墙,屋面板的耐火极限不低于1.00h时,其防火间距不限。

(4)相邻两座建筑中较低一座建筑的耐火等级不低于二级,相邻较低一面外墙为防火墙且屋顶无天窗,屋面板的耐火极限不低于1.00h时,其防火间距不应小于3.5m;对于高层建筑,不应小于知4m。

(5)相邻两座建筑中较低一座建筑的耐火等级不低于二级且屋顶无天窗,相邻较高一面外墙高出较低一座建筑的屋面15m及以下范围内的开口部位设置甲级防火门、窗,或设置符合现行国家标准《自动喷水灭火系统设计规范》(GG·50084—2005)规定的防火分隔水幕或《建筑设计防火规范》(GB50016—2014)第6.5.3条规定的防火卷帘时其防火间距不应小于3.5m;对于高层建筑,不应小于4m。

(6)相邻建筑通过连廊、天桥或底部的建组物等连接时,其间距不应小于本表的规定。

(7)耐火等级低于四级的既有建筑,其耐火等级可按四级确定。

【条文说明】本条为强制性标准条文。本条综合考虑灭火救援办要,防止火势向邻近建筑蔓延以及节约用地等因素,规定了民用建筑之间的防火间距要求。

(1)根琚建筑的实际情形,将一、二级耐火等级多层建筑之间的防火间距定为6m。考虑到扑救高层建筑需要使用曲臂车、云梯登高消防车等车辆,为满足消防车辆通行、停靠、操作的需要,结合实践经验,规定一、二级耐火等级高层建筑之间的防火间距不应小于13m。其他三、四级耐火等级的民用建筑之间的防火间距,因耐火等级低,受热辐射作用易着火而致火势蔓延,其防火间距在一、二级耐火等级建筑的要求基础上有所增加。

(2)本条表4-12的注1,主要考虑有的建筑物防火间距不足,而全部不开设门窗洞口又有困难,允许每一面外墙开设门窗洞口面积之和不大于该外墙全部面积的5%时,防火间距可缩小25%。考虑到门窗洞口的面积仍然较大,故要求门窗洞口应错开、不应直对,以防着火时受到较强的热辐射和热对流影响。

(3)本条表4-12的注2~5,考虑到建筑在改建和扩建过程中,不可避免地会遇到一些诸如用地限制等具体困难,对两座建筑物之间的防火间距作了有条件的调整。当两座建筑,较高一面的外墙为防火墙,或超出高度较高时,应主要考虑较低一面对较高一面的影响。当两座建筑高度相同时,如果贴邻建造,防火墙的构造应符合《建筑设计防火规范》(GB50016—2014)第6.1.1条有关防火墙出屋面的规定。当较低一座建筑的耐火等级不低于二级,较低一面的外墙为防火墙时,且屋顶承重构件和屋面板的耐火极限不低于1.00h,防火间距允许减少到3.5m,但如果相邻建筑中有一座为高层建筑或两座均为高层建筑时,该间距最小要大于等于4m。火灾通常都是从下向上蔓延，考虑较低的建筑物着火时，火势不会迅速蔓延到较高的建筑物，有必要采取防火墙和耐火屋盖，故规定屋面板的耐火极限不应低于1.00h。较高一面建筑物着火时，火焰不会导致向较低一面建筑物窜出和落下，故较高建筑物可通过设置防火门、窗或卷帘和水幕等防火分隔设施来满足防火间距的要求。

有关防火分隔水幕和防护冷却水幕的设计要求应符合现行国家标准《自动喷水灭火系统设计规范》(GB50084—2015)的规定。最小防火间距确定为3.5m，主要为保证消防车通行的最小宽度；对于相邻建筑中存在高层建筑的情况，则要增加到4m。

本条注4和5中的"高层建筑"，是指在相邻的两座建筑中有一座为高层民用建筑或相邻两座建筑均为高层民用建筑。

(4)本条表4-12的注6，对于通过裙房、连廊或天桥连接的建筑物，需将该相邻建筑视为不同的建筑来确定防火间距。对于回字形、U型、L型建筑等，两个不同防火分区的相对外墙之间也要有一定的间距，以防止火灾蔓延到不同分区内。本项中的"底部的建筑物"，主要指如高层建筑通过裙房连成一体的多座多层或高层主体建筑的情形，在这种情况下，尽管在下部的建筑是一体的，但上部建筑之间的防火间距，仍需按两座不同建筑的要求确定。

(5)本条注7，当确定新建建筑与耐火等级低于四级的既有建筑的防火间距时，可将该既有建筑的耐火等级视为四级后确定防火间距。

 规范梳理

防火分区和层数

1.除《建筑设计防火规范》(GB50016—2014)另有规定外，不同耐火等级建筑的允许建筑高度或层数、防火分区最大允许建筑面积应符合表4-13的规定。

表4-13　不同耐火等级建筑的允许建筑高度或层数、防火分区最大允许建筑面积

名称	耐火等级	允许建筑高度或层数	防火分区的最大允许建筑面积(m²)	备注
高层民用建筑	一、二级	按本规范第5.1.1条确定	1500	对于体育馆、剧场的观众厅，防火分区的最大允许建筑面积可适当增加。
单、多层民用建筑	一、二级	按本规范第5.1.1条确定	2500	—
	三级	5层	1200	—
	四级	2层	600	—
地下或半地下建筑(室)	一级	—	500	设备用房的防火分区最大允许建筑面积不应大于1000m²。

注：(1)表中规定的防火分区最大允许建筑面积，当建筑内设置自动灭火系统时，可按本表的规定增加1.0倍；局部设置时，防火分区的增加面积可按该局部面积的1.0倍计算。

(2)裙房与高层建筑主体之间设置防火墙时，裙房的防火分区可按单、多层建筑的要求确定。

2.建筑内设置自动扶梯、敞开楼梯等上、下层相连通的开口时，其防火分区的建筑面积应按上、下层相连通的建筑面积叠加计算；当叠加计算后的建筑面积大于《建筑设计防火规范》(GB5016—2014)第4.16.1条的规定时，应划分防火分区。

建筑内设置中庭时,其防火分区的建筑面积应按上、下层相连通的建筑面积叠加计算;当叠加计算后的建筑面积大于《建筑设计防火规范》(GB5016－2014)第4.16.1条的规定时,应符合下列规定:

(1)与周围连通空间应进行防火分隔:采用防火隔墙时,其耐火极限不应低于1.00h;采用防火玻璃墙时,其耐火隔热性和耐火完整性不应低于1.00h,采用耐火完整性不低于1.00h的非隔热性防火玻璃墙时,应设置自动喷水灭火系统进行保护;采用防火卷帘时,其耐火极限不应低于3.00h,并应符合《建筑设计防火规范》(GB5016－2014)第4.16.3条的规定;与中庭相连通的门、窗,应采用火灾时能自行关闭的甲级防火门、窗;

(2)高层建筑内的中庭回廊应设置自动喷水灭火系统和火灾自动报警系统;

(3)中庭应设置排烟设施;

(4)中庭内不应布置可燃物。

3.一、二级耐火等级建筑内的营业厅、展览厅,当设置自动灭火系统和火灾自动报警系统并采用不燃或难燃装修材料时,其每个防火分区的最大允许建筑面积应符合下列规定:

(1)设置在高层建筑内时,不应大于4000m²;

(2)设置在单层建筑或仅设置在多层建筑的首层内时,不应大于10000m²;

(3)设置在地下或半地下时,不应大于2000m²。

5.总建筑面积大于20000m²的地下或半地下商店,应采用无门、窗、洞口的防火墙、耐火极限不低于1.00h的楼板分隔为多个建筑面积不大于20000m²的区域。相邻区域确需局部连通时,应采用下沉式广场等室外开敞空间、防火隔间、避难走道、防烟楼梯间等方式进行连通,并应符合下列规定:

(1)下沉式广场等室外开敞空间应能防止相邻区域的火灾蔓延和便于安全疏散,并应符合《建筑设计防火规范》(GB50016－2014)第4.16.12条的规定;

(2)防火隔间的墙应为耐火极限不低于3.00h的防火隔墙,并应符合《建筑设计防火规范》(GB50016－2014)第6.4.13条的规定;

(3)避难走道应符合《建筑设计防火规范》(GB50016－2014)第4.16.14条的规定;

(4)防烟楼梯间的门应采用甲级防火门。

 规范梳理

一般规定

1.消防水泵房的设置应符合下列规定:

(1)单独建造的消防水泵房,其耐火等级不应低于二级;

(2)附设在建筑内的消防水泵房,不应设置在地下三层及以下或室内地面与室外出入口地坪高差大于10m的地下楼层;

(3)疏散门应直通室外或安全出口。

2.设置火灾自动报警系统和需要联动控制的消防设备的建筑(群)应设置消防控制室。消防控制室的设置应符合下列规定:

(1)单独建造的消防控制室,其耐火等级不应低于二级;

（2）附设在建筑内的消防控制室，宜设置在建筑内首层或地下一层，并宜布置在靠外墙部位；

（3）不应设置在电磁场干扰较强及其他可能影响消防控制设备正常工作的房间附近；

（4）疏散门应直通室外或安全出口。

（5）消防控制室内的设备构成及其对建筑消防设施的控制与显示功能以及向远程监控系统传输相关信息的功能，应符合现行国家标准《火灾自动报警系统设计规范》GB50116 和《消防控制室通用技术要求》GB25506 的规定。

第5章　创建地下车库

在设计地下车库时,可根据项目用途,并参考《车库建筑设计规范》(JGJ100－2015)来设计。

5.1　利用参照平面定位

5.1.1　创建坡道宽度

以本教材的项目为例,坡度应在5m。

点击"建筑"选项卡,点击"参照平面"工具(见图5-1),绘制一条参照平面,完成以后,点击刚才所绘制的参照平面,出现临时尺寸标注。我们修改临时尺寸标注为"5000mm"(见图5-2),即完成创建。

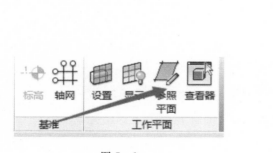

图5-1

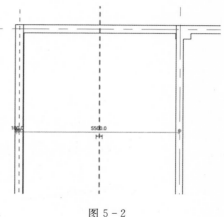

图5-2

5.1.2　创建坡道

点击"建筑"选项卡,点击"参照平面"工具,绘制一条参照平面,完成以后,点击所绘制的参照平面,出现临时尺寸标注。点击临时尺寸标注,将它转换为永久尺寸标注,点击"EQ"(见图5-3),将所绘制的参照平面居中,删除永久尺寸标注(见图5-4),即完成创建。

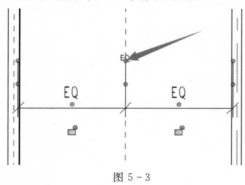

图5-3

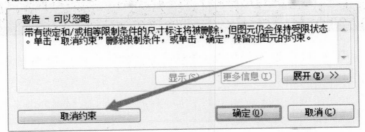

图 5-4

在画坡道转道时,其方法和画楼梯的方法相同,见图 5-5。

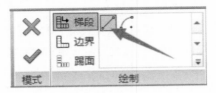

图 5-5

◆ 5.2 绘制地下一层外墙

点击"建筑"选项卡,点击"墙体"工具,找到建筑墙选择常规"200",点击属性面板下的编辑类型按钮(见图 5-6),点击复制,重名为"地下一层外墙",点击"确定"完成创建。

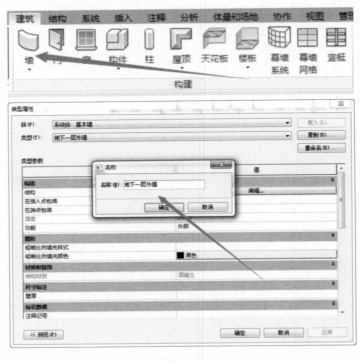

图 5-6

5.2.1 编辑墙体结构材料

点击"结构"中的"编辑"选项,点击"结构"中的"类型",搜索"混凝土"(在右下方的 Autodesk 中选择),找到以后,点击"将材质添加到文档"通过右键复制"混凝土",重命名"综合楼地下一层混凝土"(见图 5-7),点击"确定"设置"厚度"为 200(见图 5-8),完成操作。

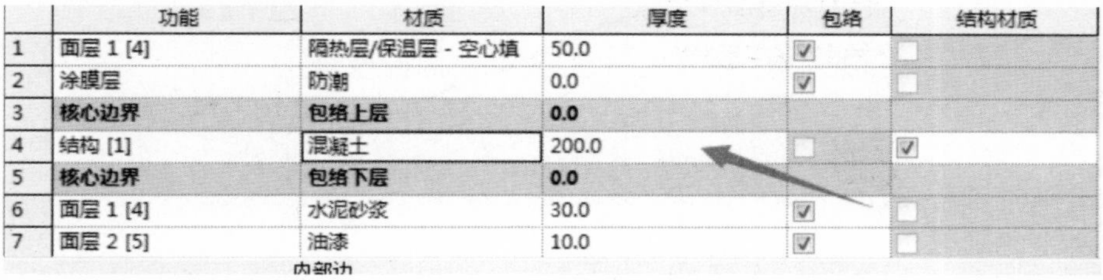

	功能	材质	厚度	包络	结构材质
1	面层 1 [4]	隔热层/保温层 - 空心填	50.0	☑	
2	涂膜层	防潮	0.0	☑	
3	**核心边界**	**包络上层**	**0.0**		
4	结构 [1]	混凝土	200.0		☑
5	**核心边界**	**包络下层**	**0.0**		
6	面层 1 [4]	水泥砂浆	30.0	☑	
7	面层 2 [5]	油漆	10.0	☑	
	内部边				

图 5-7

图 5-8

5.2.2 编辑墙体外围的防水和保温

点击"插入",选择"向上",变更序号 1 内容为"面层 1[4]",设置"材板",搜索"防潮"复制"防潮"材质(见图 5-9),更名为"综合楼地下墙防水",设置"厚度"为 4,点击"确定",完成操作。

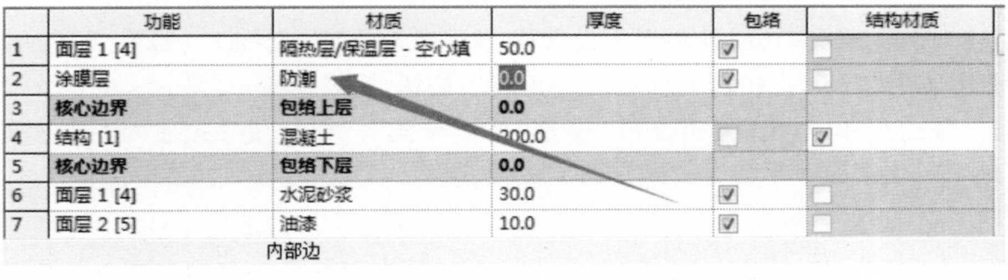

	功能	材质	厚度	包络	结构材质
1	面层 1 [4]	隔热层/保温层 - 空心填	50.0	☑	
2	涂膜层	防潮	0.0	☑	
3	**核心边界**	**包络上层**	**0.0**		
4	结构 [1]	混凝土	200.0		☑
5	**核心边界**	**包络下层**	**0.0**		
6	面层 1 [4]	水泥砂浆	30.0	☑	
7	面层 2 [5]	油漆	10.0	☑	
	内部边				

图 5-9

点击"插入",点击"向上",变更序号 1 内容为"面层 2[5]",设置"材板",搜索"保温",复制"保温"(见图 5-10),更名为"综合楼地下墙保温",设置"厚度"为 50,点击"确定",完成保温操作。

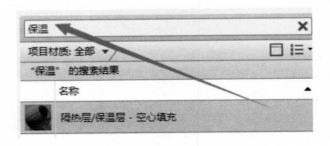

图 5-10

5.2.3 编辑内墙体材质

点击"插入",点击"向下",变更序号 6 内容为"面层 1[4]",设置"材板",搜索"水泥砂浆",复制"水泥砂浆"(见图 5-11),更名为"综合楼地下内体墙水泥砂浆",设置"厚度"为 30,点击"确定",完成操作。

	功能	材质	厚度	包络	结构材质
1	面层 1 [4]	隔热层/保温层 - 空心填	50.0	☑	☐
2	涂膜层	防潮	0.0	☑	☐
3	**核心边界**	**包络上层**	**0.0**		
4	结构 [1]	混凝土	200.0	☐	☑
5	**核心边界**	**包络下层**	**0.0**		
6	面层 1 [4]	水泥砂浆	30.0	☑	☐
7	面层 2 [5]	油漆	10.0	☑	☐
		内部边			

图 5-11

注意:编辑内外墙体材质时,内外墙体是以"核心边界"为界限,外墙体在"核心边界"以上,所以在"插入"后点击"向上"按钮;而内墙体在"核心边界"以下,所以在"插入"后点击"向下"按钮。

点击"在选入点包括"中,这里设置为"两者",点击"确认"。

5.3 绘制坡道

(1)点击"坡道"工具,在属性面板中设置底部标高为-1F(见图 5-12),设置顶部标高为 F1,设置坡道宽度为 5m,点击属性面板右下角应用按钮,完成设置。

(2)选择坡道材质,点击"编辑类型"设置"坡道材质"。在材质中搜索"混凝土"(见图 5-13)选择"地下一层混凝土",点击"确定",完成设置。

注意:标示"混凝土型号"是依据结构计算要求确定混凝土强度等级。

(3)点击"建筑"选项卡下的"坡道"工具,点击"编辑类型",点击"复制"重命名为"地下一层坡道"(见图 5-14),点击"确定"按钮,完成设置。

图 5 – 12

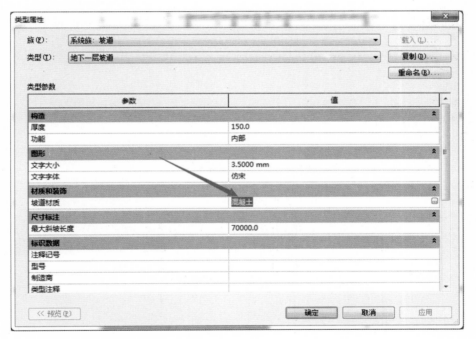

图 5 – 13

（4）点击"坡道"进入"编辑类型"在"最大斜坡长度"输入 12000 点击确定。如图 5 – 15 所示。

从平图的最低点为起点开始绘制，如图 5 – 16 所示。

📡注意：绘制完后要切换到"三维视图"来确定绘图是否正确；三维图中的墙体高度应该是一致的，若发现不一样，以标准墙高为基准，用格式刷（MA）能够快讯修改。

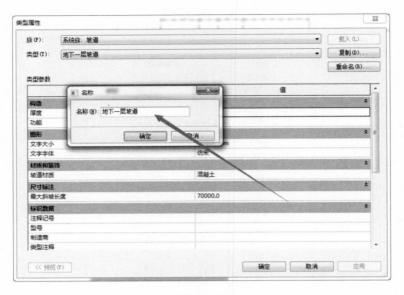

图 5 - 14

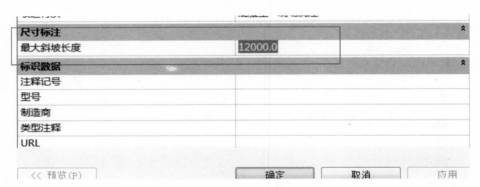

图 5 - 15

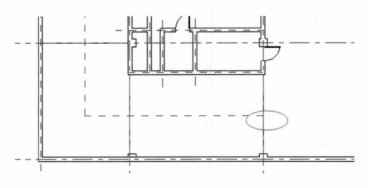

图 5 - 16

◆ 5.4　修改地下一层楼板

点击"建筑"选项卡选择"楼板"(见图 5－17),在属性面板下找到常规 300,点击编辑类型(见图 5－18),设置类型属性材质为"混凝土",点击"确定"完成操作。

图 5－17

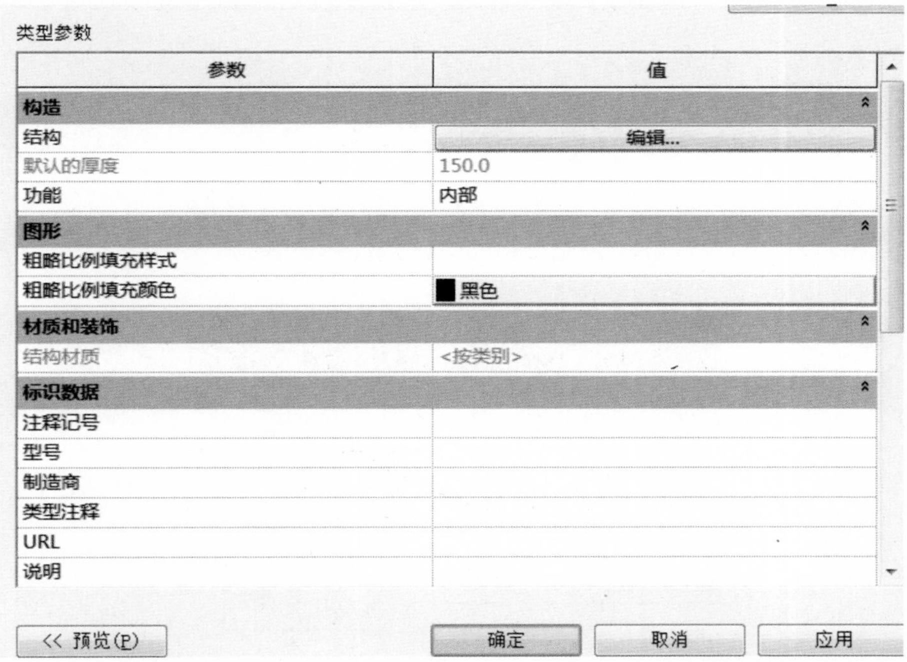

图 5－18

点击"插入",选择"结构",点击"类别",设置"向上面层 1[4]",选择"混凝土沙/水泥找平",点击"确定"。点击"楼板",找到"绘制楼板",点击"细线绘制",设置"深度宽度 600",移动"MV"。见图 5－19。

一直沿着建筑内墙绘制,绘制到 13 轴,点击完成编辑模式,到三维视图观看地下一层的楼板已绘制成型。

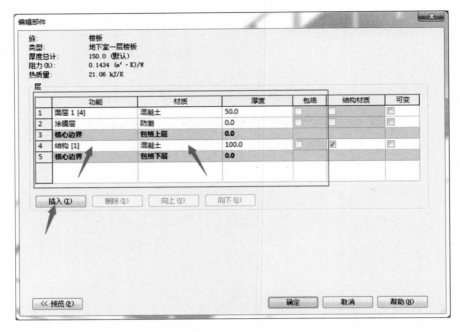

图 5-19

◆ 5.5 绘制建筑柱

(1)点击"建筑"选项卡选择"柱"工具(见图 5-20),选择建筑柱,设置柱子类型为 600×600mm(见图 5-21),材质设置为"混凝土",点击"确定"。

图 5-20

把柱子调的合适的位置,点击端点将柱子左上角和墙上角移到一条线上。找一个基点 MV 已把一排柱子拉进墙以内。

(💡)注意:在绘制柱子和墙体以前时先设置底部标高—F1 和顶部标高 F1,绘制时就不会出错。有两种办法:一种是单独设置,另外一种是格式刷。

(2)过滤器的使用方法和复制。选中所有图元,这时出现修改上下文选项卡,点击"过滤器",出现过滤器对话框,点击"放弃全部",勾选"柱"(见图 5-22),点击"确定",完成操作。

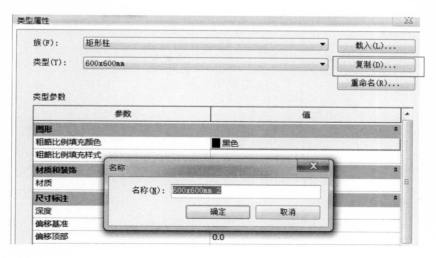

图 5 - 21

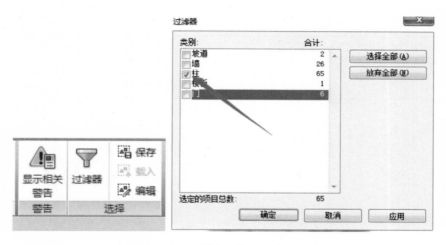

图 5 - 22

将柱子全部复制完后,双击 ESC 键退出绘制模式。见图 5 - 23。

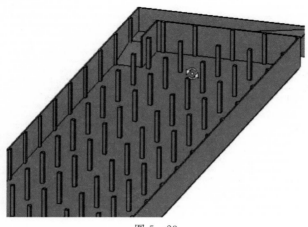

图 5 - 23

 规范梳理

建筑设计停车场规范

1. 各车型建筑设计最小停车带、停车位、通车道宽度。见表5-1、表5-2。

表5-1 最小停车带、停车位

车辆类型＼尺寸		微型、小型汽车(m)	轻型汽车(m)	大、中型汽车(m)
平行式停车时汽车间纵向净距		1.2	1.2	2.4
垂直、斜列式停车时汽车间纵向净距		0.5	0.7	0.8
汽车间横向净距		0.6 (0.5)	0.8 (0.7)	1.0 (0.8)
汽车与柱之间净距		0.3	0.3	0.4
汽车与墙、护栏及其他构筑物间净距	纵向	0.5	0.5	0.5
	横向	0.6	0.8	1.0

注：(1)括号内数值为确有困难时采用。
(2)当墙、柱外有消火栓、散热器片等突出物时，间距应由凸起部分外缘算起。

表5-2 通车道宽度

汽车类型＼项目＼停车方式		垂直通车道方向的最小停车带宽度 w_e(m)			平行通车道方向的最小停车位宽度 l_t(m)			通道宽度(m)		
		小型车	中型车	大客车	小型车	中型车	大客车			
平行式	前进停车	2.4	3.5	3.5	6.0	11.4	14.4	3.8	4.5	5.0
斜列式	30° 前进停车	3.6	6.2	7.7	4.8	7.0	7.0	3.8	4.5	5.0
	45° 前进停车	4.4	7.8	9.9	3.4	5.0	5.0	3.8	5.6	8.0
	60° 前进停车	5.0	9.1	12	2.8	4.0	4.0	4.5	8.5	12
	60° 后退停车	5.0	9.1	12	2.8	4.0	4.0	4.2	6.3	8.2
垂直式	前进停车	5.3	9.4	12.4	2.4	3.5	3.5	9.0	15	19
	后退停车	5.3	9.4	12.4	2.4	3.5	3.5	5.5	9.0	11

2. 汽车坡道坡度数据。见表5-3。

表5-3 汽车坡道坡度数据

	直线坡道		曲线坡道		备注
	纵坡(%)	横坡(%)	纵坡(%)	横坡(%)	
小轿车	≤15	1～2	≤12	2%～6%	采用倾斜楼板代替坡道时，纵坡应≤5%；采用错层式时，纵坡可以适当加大
中型车	≤12		≤10		
公共汽车大型客、货车	≤10		≤8		
较接客、货车	≤8		≤6		

3.地下汽车库的安全疏散。

(1)地下车库人员疏散。

①地下汽车库的人员安全出口和汽车疏散出口应分开设置。汽车坡道不可作为人员疏散出口。

②地下汽车库每个防火分区内的人员安全出口不应少于两个(停车数≤50辆Ⅳ汽车库,或同一时间的人数不超过25人的汽车库可只设一个安全出口)。

③地下汽车库的室内疏散楼梯应为封闭楼梯间,当楼梯间不能直接自然采光和通风时,应设成防烟楼梯间。防烟楼梯间门及前室门均为乙级防火门,封闭楼梯间门也是乙级防火门。

④疏散楼梯的梯段净宽度不应小于1.1m。

⑤下汽车库室内最远工作地点至楼梯间的距离不应超过45m,当设有自动灭火系统时,其距离不应超过60m。

(2)疏散。地下车库的汽车疏散口不应少于2个,但个别情况下可只设1个

①停车50辆以下的地下车库可只设一条单行坡道出口。

②停车100辆以下的地下车库可只设一条双行坡道出口。

③停车100~300辆的地下车库,当采用错层式或斜楼板式且为双行车道时,应设不少于两个疏散出口出室外;当车道上设有自动喷淋灭火系统时,汽车库内的其他楼层汽车疏散坡道可只设一个。

④停车300~500辆的地下车库宜设3个或3个以上的坡道出口,以利于交通组织。

⑤停车500辆以上的地下车库应在不同方向设3个或以上的坡道出口。停车数量特别多的地下车库,应多设出口。

⑥对于地下多层汽车库,在计算内部每层设置汽车疏散出口数量时,应尽量按停车总数量考虑,即总数在100辆以上的应设两个汽车出口,总数在50~100辆的可只设一条双车道出口,停车总数在50辆以下的可设一条单车道出口。

⑦两个汽车疏散出口之间的间距不应小于10m。两个汽车坡道毗邻设置时应采用防火隔墙隔开。

⑧汽车疏散坡道的宽度(单车道)不应小于4m,(双车道)不宜小于7m。

3.地下汽车库的防水。

应在缓坡段与水平段交接处或口部入口处设置截水沟和耐轮压的金属沟盖及挡水槛,另在停车库地面设置不小于1%的排水坡度和相应的排水系统(排水沟、地漏、集水坑等)。排水沟不得跨越防火分区。

4.地下汽车库出入口的位置。

(1)汽车库库址的出入口不宜设在城市主干道上,宜设在宽度大于6m,纵坡小于10%的次干道上。

(2)汽车库库址的车辆出入口与城市入行过街天桥、过街地道、桥梁或隧道引道等的距离,应大于50m,与城市道路交叉路口的距离应大于80m。

(3)汽车库库址的车辆出入口的方向应与道路的交通管理体制相协调,应考虑给驾驶员有良好的视野,应退后城市道路红线≥7.5m,并在距出入口边线内2m处保持不小于120°的视角。

(4)宜按照车辆管理"右行右出"的原则确定车辆出入口的位置。

(5)地下车库出入口的设置要求：

①距基地道路的交叉路口或高架路的起坡点不应小于2.5m。

②与道路垂直时，出人口与道路红线应保持不小于7.5m的安全距离。

③与道路平行时，应经不小于7.5m长的缓冲车道汇入基地道路。

5.地下汽车库的设置要求。

①甲乙类生产厂房、库房以及托幼建筑、养老院等建筑不应设置地下车库，当有完全的防火分隔时，病房楼可设置地下车库。特殊重要的办公建筑主楼的正下方不宜设置地下汽车库。

②地下车库内不应设置修理车位、喷漆间、充电间、乙炔间和甲乙类物品储藏室。

6.汽车库、修车库的防火要求。

汽车库、修车库 贴邻其他建筑物时，必须采用防火墙隔开。设在其他建筑物内的汽车库（包括屋顶的汽车库）、修车库与其他部分应采用耐火极限分别不低于3.00h的不燃烧体隔墙和2.00h的不燃烧体楼板分隔，汽车库、修车库的外墙门、窗、洞口的上方应设置不燃烧体的防火挑檐。外墙的上、下窗间墙高度不应小于1.2m，或防火挑檐的宽度不应小于1m，耐火极限不应低于1.00h。

(1)地下工程防水的设计和施工应遵循"防、排、截、堵相结合，刚柔相济，因地制宜，综合治理"的原则

(2)防水等级，见表5-4。

表5-4　防水等级

防水等级	标准	适用范围
一级	不允许渗水，结构表面无湿渍 不允许漏水，结构表面可有少量湿渍	文物库、金库、军事、指挥工程
二级	工业与民用建筑：总湿渍面积不应大于总防水面积（包括顶板、墙面、地面）的1/1000；任意100m² 防水面积上的湿渍不超过1处，单个湿渍的最大面积不大于0.1m²。 其他地下工程：总湿渍面积不应大于总防水面积的6/1000；任意100m² 防水面积上的湿渍不超过4处，单个湿渍的最大面积不大于0.2m²	一般生产车间、公路隧道拱顶、人员掩蔽工程、地下车库、地下设备用房

(3)防水层耐用年限一参照屋面防水，且宜比屋面提高一级。

(4)防水材料一以补偿收缩混凝土结构自防水为主，再加防水卷材或防水涂料。

(5)设计依据为国标《地下工程防水技术规范》(GB50108-2001)。

(6)构造层次，见表5-5。

表5-5　构造层次

底板	侧墙
内饰面层	内饰面层
混凝土结构自防水层	混凝土结构自防水层
保护层	找平层
柔性防水层	保温层
找平层	防水层
垫层	保护层

(7)防水混凝土的抗渗等级见表 5-6(防水混凝土厚度 d≥250mm)。

表 5-6　防水混凝土的设计抗渗等级表

工程埋置深度(m)	混凝土防水设计抗渗等级	工程埋置深度(m)	混凝土防水设计抗渗等级
<10	S6(0. 6MPa)	20~30	S10(l.0MPa)
10~20	S8(0. 8MPa)	30~40	S12(1.2MPa)

7.地下室防水设计要点。

(1)应采用自防水混凝土结构,并设附加防水层。附加防水层应设在迎水面(即外防水)。当无法作迎水面设防时,可背水面设防(即内防水)。

(2)自防水混凝土结构厚度不应小于 250mm,迎水面钢筋保护层厚度不应小于 50mm。

(3)防水节点应连续密封,不得间断。

(4)在两种不同材料交接处应留槽密封。

8.地下室防火。

(1)地下室的安全疏散。

允许设扇门的地下室房间面积见表 5-7。

表 5-7　允许设一扇门的地下室房间面积

房间类型	允许设一扇门的条件
地下、半地下室	房间面积≤50m²,人数≤50 人
库房及其地下、半地下室	房间面积≤100m²

(2)地下室防排烟。

①防烟分区面积:每个防烟分区的建筑面积≤500m² 或宜≤2000m²(设有机械排烟的地下车库),防烟分区不应跨越防火分区。

②应采用机械防排烟的部位:各房间总面积超过 200m² 或一个房间面积超过 50m²,且经常有人停留或可燃物较多的地下室;长度超过 20m 的内走道;地下、半地下的歌舞娱乐放映游艺场所及地下商店;面积超过 2000m² 的地下汽车库。

(3)地下商店及娱乐场所。

①营业厅不应设置在地下三层及三层以下;

②不应经营和储存火灾危险性为甲、乙类储存物品属性的商品;

③当设有火灾自动报警系统和自动灭火系统,且建筑内部装修符合现行国家标准《建筑内部装修设计防火规范》(GB50222)的有关规定时,其营业厅每个防火分区的最大允许建筑面积可增加到 2000m²;

④当地下商店总建筑面积(含营业面积、储存面积及其他配套服务面积)大于 200m² 时,应采用不开设门窗洞口的防火墙分隔。相邻区域确需局部连通时,应选择采取下列措施进行防火分隔:

A.设下沉式广场等室外开敞空间。该室外开敞空间的设置应能防止相邻区域的火灾蔓延和便于安全疏散。

B.设防火隔间。该防火隔间的墙应为实体防火墙,在隔间的相邻区域分别设置火灾时能自行关闭的常开式甲级防火门。

　　C.设避难走道。该避难走道除应符合现行国家标准《人民防空工程设计防火规范》(GB 50098)的有关规定外,其两侧的墙应为实体防火墙,且在局部连通处的墙上应分别设置火灾时能自行关闭的常开式甲级防火门。

　　D.设防烟楼梯间。该防烟楼梯间及前室的门应为火灾时能自行关闭的常开式甲级防火门。

　　歌舞厅、录像厅、夜总会、放映厅、卡拉OK厅(含具有卡拉OK功能的餐厅)、游艺厅(含电子游艺厅)、桑拿浴室(不包括洗浴部分)、网吧等歌舞娱乐放映游艺场所应符合下列规定:不应布置在地下二层及二层以下。当布置在地下一层时,地下一层地面与室外出入口地坪的高差不应大于10m。一个厅、室的建筑面积不应大于200m²,并应采用耐火极限分别不低于2.00h的不燃烧体隔墙和1.00h的不燃烧体楼板与其他部位隔开,厅、室的疏散门应设置乙级防火门。

第6章　地下室辅助用房部分的设计及绘制

◆ 6.1　绘制锅炉房与送风机房

现在我们来做地下室锅炉房部分,在本章教材当中已为读者整理了锅炉房建筑设计规范以供参考。

我们已经确定好锅炉房的位置在 1~3 轴到 E~F 轴之间。

6.1.1　绘制锅炉房

(1)点击"建筑墙",选择"常规 200",点击"编辑类型",点击"复制",设置"综合楼常规 200mm 内部隔墙",点击"确定";点击"材质",选择"加气混凝土砌块",点击"插入",点击"向上",选择"面层 1[4]",点击"混凝土沙/水泥找平(厚度 20)",选择"水泥砂浆找平层抹灰层(厚度 20)",点击"确定"。墙体综合楼 200mm 内部隔墙设置完成。见图 6-1、图 6-2。

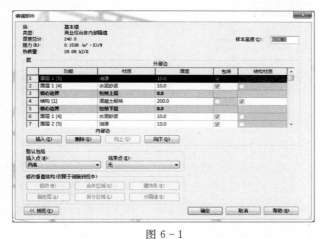

图 6-1

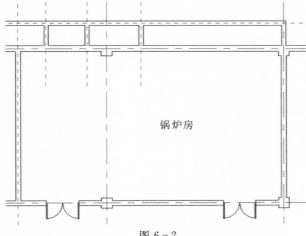

图 6-2

（2）点击"建筑"选项卡下的"参照平面"，在相对应位置绘制一条参照平面，然后将其选中，会出现"临时尺寸标注"，点击"永久尺寸标注"，即可将此改变为永久尺寸标注。选中生成的"永久尺寸标注"，自动出现"EQ"，点击"EQ"，所绘制的参照平面将自动居中。最后，将"永久尺寸标注"删除，系统将提示"是否将取消约束"，点击"是"，即完成。沿着辅助线开始绘制墙体。

（3）创建完锅炉房的墙体以后，创建锅炉房的防火门。

点击"插入"，载入族，选择"建筑"选项中"门"的"普通门"，再点击"双扇平开木门 1500×2100mm"，设置"类型标记"，选择"甲 FM1521"，点击"确定"。见图 6-3。

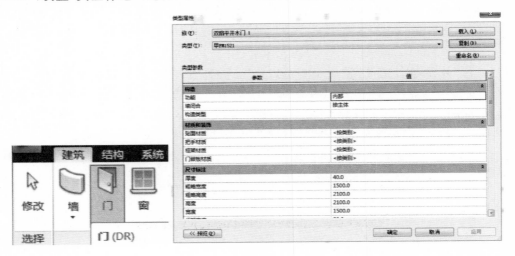

图 6-3

（4）门设置完成以后，调整门的方向。

点击"空格"，选择"自动方向调整"将门居中为辅助线与 2 号轴线中点处，点击"建筑"选项卡，在"参照平面"绘制一条参照平面，居于 2 轴与参照平面的终点处，将门移动过去居中，点击"门"，选择"镜像—拾取轴"，见图 6-4，点击 2 轴。两个疏散门距离过近，距离中线 1300mm，临时尺寸线定点，拉到 3 轴上设置为 1300mm。

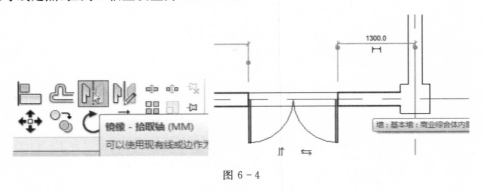

图 6-4

6.1.2 送风机房的绘制

（1）绘制甲级防火门，点击"门"，选择"镜像—拾取轴"，对门的位置及功能进行确定。

（2）把墙拉到 3 轴，用填充墙来绘制墙体，制作排风井、送烟井及泄爆口的尺寸，深度 1200mm，长度 1500mm。

（3）绘制两道参照平面距离 2 轴设为 1000mm，再继续设置 1900mm。在制作排风井、送风井时，根据通风专业的提资确定大小。

完成图见图 6-5。

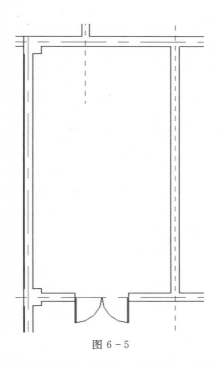

图 6-5

在绘制锅炉房泄爆口时，应注意爆破墙体应为 200 厚填充墙，不应设置为混凝土墙体。至此，锅炉房绘制完成。

 规范梳理

锅炉房建筑设计规范

一、锅炉房设计的一般规定

1. 锅炉房设计应根据批准的城市（地区）或企业总体规划和供热规划进行，做到远近结合，以近期为主，并宜留有扩建余地。锅炉房设计应取得热负荷、燃料和水质资料锅炉房燃料的选用，应做到合理利用能源和节约能源。

2. 锅炉房设计必须采取减轻废气、废水、固体废渣和噪声对环境影响的有效措施，排出的有害物和噪声应符合国家现行有关标准、规范的规定。

3. 企业所需热负荷的供应，应根据所在区域的供热规划确定。当企业热负荷不能由区域热电站、区域锅炉房或其他企业的锅炉房供应，且不具备热电联产的条件时，宜自设锅炉房。

4. 区域所需热负荷的供应，应根据所在城市（地区）的供热规划确定。当符合下列条件之一时，可设置区域锅炉房：

(1) 居住区和公共建筑设施的采暖和生活热负荷, 不属于热电站供应范围的;

(2) 用户的生产、采暖通风和生活热负荷较小, 负荷不稳定, 年使用时数较低, 或由于场地、资金等原因, 不具备热电联产条件的;

(3) 根据城市供热规划和用户先期用热的要求, 需要过渡性供热, 以后可作为热电站的调峰或备用热源的。

5. 锅炉房的容量应根据设计热负荷确定。设计热负荷宜在绘制出热负荷曲线或热平衡系统图, 并计入各项热损失、锅炉房自用热量和可供利用的余热量后进行计算确定。

当缺少热负荷曲线或热平衡系统图时, 设计热负荷可根据生产、采暖通风和空调、生活小时最大耗热量, 并分别计入各项热损失、余热利用量和同时使用系数后确定。

6. 当热用户的热负荷变化较大且较频繁, 或为周期性变化时, 在经济合理的原则下, 宜设置蒸汽蓄热器。设有蒸汽蓄热器的锅炉房, 其设计容量应按平衡后的热负荷进行计算确定。

7. 锅炉供热介质的选择, 应符合下列要求:

(1) 供采暖、通风、空气调节和生活用热的锅炉房, 宜采用热水作为供热介质;

(2) 以生产用汽为主的锅炉房, 应采用蒸汽作为供热介质;

(3) 同时供生产用汽及采暖、通风、空调和生活用热的锅炉房, 经技术经济比较后, 可选用蒸汽或蒸汽和热水作为供热介质。

8. 锅炉供热介质参数的选择, 应符合下列要求:

(1) 供生产用蒸汽压力和温度的选择, 应满足生产工艺的要求;

(2) 热水热力网设计供水温度、回水温度, 应根据工程具体条件, 并综合锅炉房、管网、热力站、热用户二次供热系统等因素, 进行技术经济比较后确定。

9. 锅炉的选择除应符合《锅炉房设计规范》(GB50041—2008)3.0.9 条和 3.0.10 条的规定外, 尚应符合下列要求:

(1) 应能有效地燃烧所采用的燃料, 有较高热效率和能适应热负荷变化;

(2) 应有利于保护环境;

(3) 应能降低基建投资和减少运行管理费用;

(4) 应选用机械化、自动化程度较高的锅炉;

(5) 宜选用容量和燃烧设备相同的锅炉, 当选用不同容量和不同类型的锅炉时, 其容量和类型均不宜超过 2 种;

(6) 其结构应与该地区抗震设防烈度相适应;

(7) 对燃油、燃气锅炉, 除应符合本条上述规定外, 并应符合全自动运行要求和具有可靠的燃烧安全保护装置。

10. 锅炉台数和容量的确定, 应符合下列要求:

(1) 锅炉台数和容量应按所有运行锅炉在额定蒸发量或热功率时, 能满足锅炉房最大计算热负荷;

(2) 应保证锅炉房在较高或较低热负荷运行工况下能安全运行, 并应使锅炉台数、额定蒸发量或热功率和其他运行性能均能有效地适应热负荷变化, 且应考虑全年热负荷低峰期锅炉机组的运行工况;

(3) 锅炉房的锅炉台数不宜少于 2 台, 但当选用 1 台锅炉能满足热负荷和检修需要时, 可只设置 1 台;

(4)锅炉房的锅炉总台数,对新建锅炉房不宜超过 5 台;扩建和改建时,总台数不宜超过 7 台;非独立锅炉房,不宜超过 4 台;

(5)锅炉房有多台锅炉时,当其中 1 台额定蒸发量或热功率最大的锅炉检修时,其余锅炉应能满足下列要求:

①连续生产用热所需的最低热负荷;

②采暖通风、空调和生活用热所需的最低热负荷。

11.在抗震设防烈度为 6 度至 9 度地区建设锅炉房时,其建筑物、构筑物和管道设计,均应采取符合该地区抗震设防标准的措施。

12.锅炉房宜设置必要的修理、运输和生活设施,当可与所属企业或邻近的企业协作时,可不单独设

二、锅炉房的布置

1.锅炉房位置的选择,应根据下列因素分析后确定:

(1)应靠近热负荷比较集中的地区,并应使引出热力管道和室外管网的布置在技术、经济上合理;

(2)应便于燃料贮运和灰渣的排送,并宜使人流和燃料、灰渣运输的物流分开;

(3)扩建端宜留有扩建余地;

(4)应有利于自然通风和采光;

(5)应位于地质条件较好的地区;

(6)应有利于减少烟尘、有害气体、噪声和灰渣对居民区和主要环境保护区的影响,全年运行的锅炉房应设置于总体最小频率风向的上风侧,季节性运行的锅炉房应设置于该季节最大频率风向的下风侧,并应符合环境影响评价报告提出的各项要求;

(7)燃煤锅炉房和煤气发生站宜布置在同一区域内;

(8)应有利于凝结水的回收;

(9)区域锅炉房尚应符合城市总体规划、区域供热规划的要求;

(10)易燃、易爆物品生产企业锅炉房的位置,除应满足本条上述要求外,还应符合有关专业规范的规定。

2.锅炉房宜为独立的建筑物。

3.当锅炉房和其他建筑物相连或设置在其内部时,严禁设置在人员密集场所和重要部门的上一层、下一层、贴邻位置以及主要通道、疏散口的两旁。并应设置在首层或地下室一层靠建筑物外墙部位。

4.住宅建筑物内,不宜设置锅炉房。

5.采用煤粉锅炉的锅炉房,不应设置在居民区、风景名胜区和其他主要环境保护区内。

6.采用循环流化床锅炉的锅炉房,不宜设置在居民区。

三、锅炉间、辅助间和生活间的布置

1.单台蒸汽锅炉额定蒸发量为 1～20t/h 或单台热水锅炉额定热功率为 0.7～14Mw 的锅炉房,其辅助间和生活间宜贴邻锅炉间固定端一侧布置。单台蒸汽锅炉额定蒸发量为 35～75t/h 或单台热水锅炉额定热功率为 29～70Mw 的锅炉房,其辅助间和生活间根据具体情况,可贴邻锅炉间布置,或单独布置。

2.锅炉房集中仪表控制室,应符合下列要求:

(1)应与锅炉间运行层同层布置;

(2)宜布置在便于司炉人员观察和操作的炉前适中地段;

(3)室内光线应柔和;

(4)朝锅炉操作面方向应采用隔声玻璃大观察窗;

(5)控制室应采用隔声门;

(6)布置在热力除氧器和给水箱下面及水泵间上面时,应采取有效的防振和防水措施。

3.容量大的水处理系统、热交换系统、运煤系统和油泵房,宜分别设置各系统的就地机柜室。

4.锅炉房宜设置修理间、仪表校验间、化验室等生产辅助间,并宜设置值班室、更衣室、浴室、厕所等生活间。当就近有生活间可利用时,可不设置。二、三班制的锅炉房可设置休息室或与值班更衣室合并设置。锅炉房按车间、工段设置时,可设置办公室。

5.化验室应布置在采光较好、噪声和振动影响较小处,并使取样方便。

6.锅炉房运煤系统的布置宜使煤自固定端运入锅炉炉前。

7.锅炉房出入口的设置,必须符合下列规定:

(1)出入口不应少于2个。但对独立锅炉房,当炉前走道总长度小于12m,且总建筑面积小于200m。时,其出入口可设1个:

(2)非独立锅炉房,其人员出入口必须有1个直通室外;

(3)锅炉房为多层布置时,其各层的人员出入口不应少于2个。楼层上的人员出入口,应有直接通向地面的安全楼梯。

8.锅炉房通向室外的门应向室外开启,锅炉房内的工作间或生活间直通锅炉间的门应向锅炉间内开启。

9.锅炉与建筑物的净距,不应小于表6-1的规定,并应符合下列规定:

(1)当需在炉前更换锅管时,炉前净距应能满足操作要求。大于6t/h的蒸汽锅炉或大于4.2MW的热水锅炉,当炉前设置仪表控制室时,锅炉前端到仪表控制室的净距可减为3m;

(2)当锅炉需吹灰、拨火、除渣、安装或检修螺旋除渣机时,通道净距应能满足操作的要求;装有快装锅炉的锅炉房,应有更新整装锅炉时能顺利通过的通道;锅炉后部通道的距离应根据后烟箱能否旋转开启确定。

表6-1　锅炉与建筑物的净距

单台锅炉容量		炉前(m)		锅炉两侧和后部通道(m)
燕汽锅炉(t/h)	热水锅炉(Mw)	燃煤锅炉	燃气(油)锅炉	
1～4	0.7～2.8	3.00	2.50	0.80
6～20	4.2～14	4.00	3.00	1.50
≥35	≥29	5.00	4.00	1.80

(3)在住宅建筑物内设置锅炉房,不仅存在安全问题,而且还有环保问题,无论从大气污染还是噪声污染等方面看,都不宜将锅炉房设置在住宅建筑物内。

◆ 6.2　为不同功能的房间命名

设置送风机房时,点击"建筑"选项卡点击"房间"工具,将房间命名为"送风机房",标记类型选择为"标记房间有面积施工仿宋 3mm－0－67",即完成命名,见图 6－6。

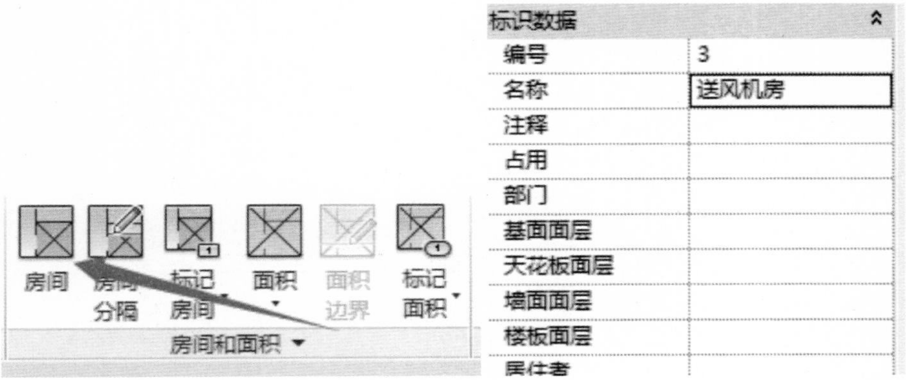

标识数据	⌃
编号	3
名称	送风机房
注释	
占用	
部门	
基面面层	
天花板面层	
墙面面层	
楼板面层	
居住者	

图 6－6

◆ 6.3　绘制发电机房

参照本书当中所附的规范,找到辅助用房,发电机房也就是柴油电房,它的设计要求为:"除按正常计算所需发电机外,应设置备用发电机,即至少一备一用,根据发电机尺寸及通道要求确定房间大小。"在发电机房里还要设置储油间、防毒通道。

在绘制发电机房时必须远离锅炉房,将它绘制在 C 轴和 2 轴上。

绘制墙体时,发电机房外围护墙体选择对应的墙类型绘制,还需要绘制排风井,留出排风和排烟洞口。它们的面积为排风井深度 1300×1500mm,井道宽度为 1200×1500mm。具体尺寸大小要根据设备设计人员确定,通过提资确定尺寸。

◆ 6.4　设置储油间及值班室的门

6.4.1　在储油间房里创建一个门

点击"插入"选项卡,点击"载入族"工具,在系统族中找到"单扇平开木门 900×2100mm",修改门的类型标记为"甲防门 0921",点击"确定"完成操作。

6.4.2　在发电机房里创建一个门

点击"插入"选项卡,点击"载入族"工具,在系统族中找到"单扇平开木门 900×2100mm",修改门的类型标记为"甲防门 1521",点击"确定"完成操作。

6.4.3 在值班室里创建一个门

点击"插入"选项卡,点击"载入族"工具,在系统族中找到"单扇平开木门 900×2100mm",修改门的类型标记为"M0921",点击"确定"完成操作。见图 6-7。

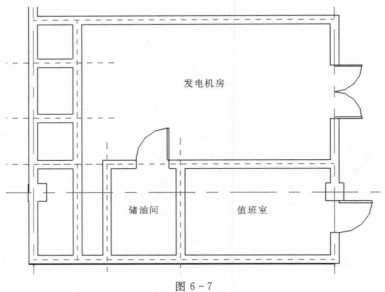

图 6-7

 规范梳理

发电机房建筑设计规范

发电机消防设施配置要求,见表 6-2。

表 6-2 发电机消防设施配置

设备类型		设施配置
机房外设有消防栓、消防带、消防水枪	发电机组距建筑物和其他设备至少一米,并保持良好的通风	设有醒目严禁烟火安全图标和禁止烟火文字;与油库要有隔离措施
机房内设有油类灭火器干粉灭火器和气体灭火器	机房内设有干燥消防沙池	

柴油发电机房可布置在高层建筑、裙房的首层或地下一层,并应符合下列规定:

(1)柴油发电机房应采用耐火极限不低于 2.00h 的隔墙和 1.50h 的楼板与其他部位隔开。

(2)柴油发电机房内应设置储油间,其总储存量不应超过 8.00h 的需要量,储油间应采用防火墙与发电机间隔开;当必须在防火墙上开门时,应设置能自行关闭的甲级防火门。

(3)采用独立防火分隔,单独划分防火分区。

(4)应单独设置储油间,储油量不超过 8 小时需要量,采取防泄、露油措施,油箱应有通气管(室外);如果所在建筑是高层,则适用《高层民用建筑设计防火规范》。

◆ 6.5 绘制送风机房

6.5.1 绘制地下一层送风机房

点击"建筑"选项卡,选择"内部隔墙"(见图 6 - 8),按照绘制的辅助线添加墙体。点击"门"工具,为送风机房添加防火门。见图 6 - 9。

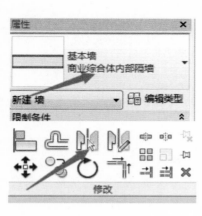

图 6 - 8

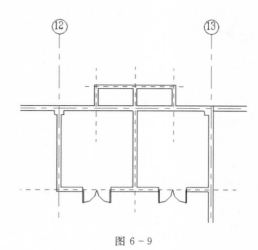

图 6 - 9

6.5.2 在送风机房里设置排风井、排烟井

其大小尺寸为:排烟井宽度 1300mm,送风井宽度 1100mm,井道宽度是 1200mm。

绘制井道墙体,点击"墙"工具,选择"综合楼 200mm 内隔墙"。

(1)点击"房间"工具,命名为"送风井",修改标注类型为"房间无面积施工仿宋 3mm - 0 - 80"。排烟井与送风机房房间命名操作与此相同。

(2)点击"房间"工具,命名为"排烟井"选择类型为"标记_房间－无面积－施工－仿宋－3mm - 0 - 80"。

(3)点击"房间"工具,命名为"送风机房"选择类型为"标记_房间－无面积－施工－仿宋 3mm - 0 - 80"。

◆ 6.6 绘制消防水池和水泵房

消防水池和水泵房大小要根据规范规定,可以参考本章节当中水泵房规范要求,从而确定需要哪些设备做多大位置合适,多大空间做设备辅助用房。

先做一个门,使用甲级防火门,距离墙边线 200mm(见图 6 - 10)。

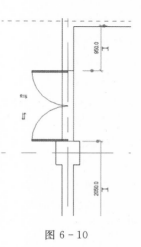

图 6 - 10

先将消防水池和水泵房的位置确定出来,两者的房间命名操作与送风井房间命名相同。

 规范梳理

水泵房建筑设计规范

消防水泵的分类见表6-3。

表6-3 消防水泵的分类

分类	内容
按作用分为	取水泵房、送水泵房和加压泵房
按目的分为	生活、生产、消防合用泵房(如水厂内),生产、消防合用泵房(如工业企业内部),生活、消防合用泵房(如民用建筑物内)、独立的消防水泵房(如油罐区)

1.吸水管的布置要求。

(1)为保证消防水泵不间断供水,一组消防水泵的吸水管不应少于两条。当其中一条损坏时,其余的吸水管仍能通过全部用水量。

(2)高压或临时高压消防给水系统,其每台消防泵(工作水泵和备用泵)应有独立的吸水管。从消防水池(或市政管网)直接取水,保证供应火场用水。

(3)当泵轴标高低于水源(或吸水井)的水位时,称为自灌式引水。消防水泵宜采用自灌式引水。当采用自灌式引水时,在水泵吸水管上应设阀门,以便于检修。

(4)为了不使吸水管内积聚空气,吸水管应有向水泵渐渐上升的坡度,一般采用大于或等于千分之五的坡度。

(5)吸水管与水泵连接,应不使吸水管内积聚空气。

(6)吸水管在吸水井内(或池内)与井壁、井底应保持一定距离。

(7)吸水管直径一般应大于水泵进口直径。

2.出水管的布置要求。

为保证环状管网有可靠的水源,当消防水泵出水管与环状管网连接时,其出水管不应少于两条。当其中一条出水管检修时,其余的出水管应仍能供应全部用水量。消防水泵的出水管上应设置单向阀。同时为使水泵机件润滑,启动迅速,则在水泵的出水管上应设检查和试验用的放水阀门,试验用过的水,可放回消防水池。

3.备用消防泵。

备用泵是指工作泵发生故障或检修时投入运转的泵。它与工作泵互相轮流运转,互为备用。为保证不间断地供应火场用水,消防水泵应设有备用泵。备用泵的流量和扬程应不小于消防泵站内的最大一台泵的流量和扬程。但符合下列条件之一者,可不设备用泵:

(1)室外消防用水量不超过25Vs的工厂、仓库或居住区;

(2)七层至九层的单元式住宅。

4.动力供应要求。

消防水泵应保证在火警后5分钟内开始工作,并在火场断电时仍能正常运转。设有备用消防水泵的工厂、仓库、机关、学校等的动力供应为:

(1)由两个电源,分别以独立的母线供电;

(2)以两个独立母线,由环形电路供电;

(3)在发电厂内设备用的联动装置,以专线供电;

(4)在水泵房内设立备用的内燃机等。

不设备用泵的工厂、仓库、机关、学校等单位,其消防水泵可采用一个电源由独立的母线供电,但应考虑到发生火灾切断本单位其他电源时,仍应确保消防水泵用电线路继续供电。为保证消防水泵能发挥负荷运转,保证火场有必要的消防用水量和水压,消防水泵与动力机械应直接偶合,不应采用平皮带,因为平皮带易打滑,影响消防水泵的供水能力,如采用三角皮带时,不应少于四条。

消防水泵房宜设有与本单位消防队直接联系的通讯设备。

◆ 6.7 修改轴网

本教材案例的综合体一层至三层是商业部分,根据规范要求:商业营业厅内通道最小宽度是 2.2 m,长度在 7.5~10.5 m 之间的柜台最小宽度是 3 m,柜台长度在 7.5~15 m 之间最小宽度不能小于 3.7 m,柜台长度大于 15 m 时平行柜台之间宽度疏散人流通道宽度不能小于 4 m。有陈列物时通道增加该通道的宽度。

以上规范适用于本教材建筑综合体一层至三层。

通过选择"注释"选项卡中的"对齐"标注功能(见图 6-11),可以看到轴网纵向间距分别为"6000,5500,6500,5500,6000"。

图 6-11

在此涉及的是一个商业项目,需要调整纵向轴,调整纵向轴时首先查看总长数值,也就是建筑的进深。同样使用标注"对齐"功能。如图 6-12 所示数值为 29600。所需纵网轴数值应符合商业需要。此时发挥了 Revit 的优势性——修改的及时性,通过计算得出 29600/4=700(m)。

修改纵向轴网时需删除所有柱子。选中需要删除部分,点击"过滤器",选择"放弃全部",如图 6-13所示,点击"确定",再通过删除键成功删除所有柱子。同时按住"Ctrl"键鼠标选择删除 B 轴到 F 轴,保留 A 轴以便复制并排列需要的轴网。此时再选中 A 轴,选中"约束"中的"多个"后点击鼠标拖拽。数值逐个输入为刚才计算得到的 7400。见图 6-14。此时新的轴网已经生成。单轴网的标头英文字母仍不正确,

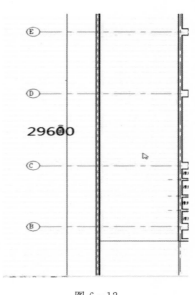

图 6-12

没有连续性。此时选中逐个按顺序排列英文字母。修改后可以查看其他楼层(－1F～7F)轴网的标头关联后的一致性。此功能再次体现出了上述的所说 Revit 的优势——修改的及时性及灵活性。

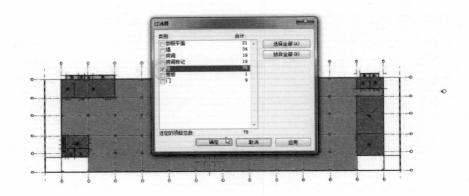

图 6－13

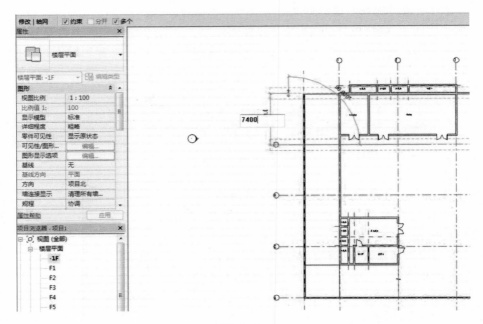

图 6－14

修改过后的轴满足商业轴网的排布如图 6－15 所示。

接下来继续排布柱子,选择"建筑"选项卡,选择"柱子(矩形柱 600×600)",找到轴线的交点处排布柱子如图 6－16 所示。

先布一条纵轴线交点处的柱子并选中(蓝色部分为选中)鼠标移动到合适的位置。如图 6－17所示。

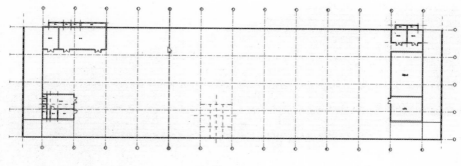

图 6 - 15

图 6 - 16

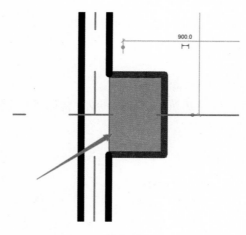

图 6 - 17

　　柱子的外皮连接到墙体外围,再次移动墙体到柱子上,依次移动储油间及值班室;删除辅助线。底部标高设置为 F1。依次设置其他柱子的顶部标高。在排布柱子之前最好将底部标高设置好可以一次性画到位。选中所有设置好的柱子,依次复制到其他纵轴线上。

　　柱子布好之后,可以切换到三维视图查看三维视图中柱子是否与其他物体冲突。见图 6 - 18。不存在任何问题时可以采用本方案。

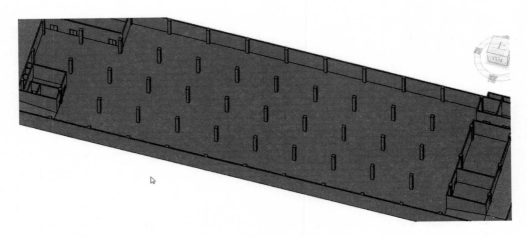

图 6－18

◆ 6.8 绘制电梯

（1）点击"建筑"选项卡，点击"参照平面"工具，绘制一条参照平面，点击参照平面出现临时尺寸标注，将临时尺寸标注的值修改为 2450。

（2）点击"建筑"选项卡下的"墙"工具，选择"地下 200mm 内隔墙"绘制电梯井道。

注意：在绘制墙体前注意属性中的"底部限制条件""顶部约束"的设置是否正确。

6.8.1 封闭式楼梯的防火门

首先测量尺寸，点击"注释"对齐标注。

测量完成后设置楼梯墙，点击"建筑"选项卡，绘制"参照平面"数据为 1200mm；建成后使用"镜像"完成另一边。见图 6－19。

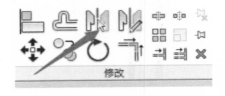

图 6－19

点击墙体坐标点，将墙体与镜像过来的楼梯墙连接。

点击"建筑"选项卡中的"门"，选择"双扇平开门 1500×2100（甲级防火门）"，安装完成后，使用"镜像"完成另一边。

注意：楼梯防火门的朝向应符合人流疏散的方向。

6.8.2 电梯

（1）点击"插入"工具，选择"载入族"，点击"建筑"选项卡中的"专用设备"，点击"电梯"挑选合适的电梯(若族库里没有合适的电梯选项,选取临时替代电梯后须标注电梯数据)。

(2)点击"建筑"选项卡中的"构件",点击"放置构件",如图6-20所示。

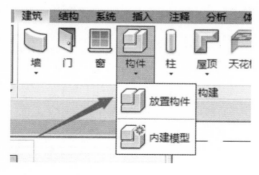

图6-20

(3)点击"参照平面",用基础线确定好电梯门在墙体正中间,点击"EQ"选项卡中的"取消约束",辅助线居中后,用"MV"移动将门放置在合适位置;此处电梯不能使用复制,所以按照上述方法完成其余电梯设置。

(4)回到三维视图,使用"三维视图观察模式"点击其中的"一致的颜色"选项,检查完成后回到-1F。

6.8.3 排烟和送风房间

(1)点击"建筑"选项卡中的"参照平面"画出基线。

(2)点击"墙"选项卡中的"建筑墙"按照基线绘制墙体。绘制完成后命名房间,操作为:点击"建筑"选项卡中的"房间",点击"房间"字体,在属性里命名房间名称(根据需要命名)"排烟""送风",改变房间标记标签为"标记_房间-无面积-仿宋-3mm"。

 规范梳理

电梯在建筑设计中的规范要求

1.下列建筑应设置消防电梯:

(1)建筑高度大于33m的住宅建筑;

(2)一类高层公共建筑和建筑高度大于32m的二类高层公共建筑;

(3)设置消防电梯的建筑的地下或半地下室,埋深大于10m且总建筑面积大于3000m^2的其他地下或半地下建筑(室)。

2.各类建筑中对电梯设置的要求,见表6-4、表6-5。

表 6-4 各类建筑中对电梯设置的要求(按建筑类型分类)

建筑类型	层数	出处	备注
住宅	七层及以上或入口屋距室外设计地面的高度超过16m以上时	《住宅设计规范》	室外设计地面起计,包括底层商店、跃层,中间层;宜每层设站,不设站的层数不宜超过两层,塔式和通廊式宜成组集中,单元式高层住宅每单元只设一部电梯时,应采用联系廊联通
住宅	十二层以上	《住宅设计规范》	宜配置一台可容纳担架的电梯,候梯厅深度不应小于多台梯中最大轿箱深度。数量不应小于2台
老年人建筑	四层及四层	《老年人建筑设计规范》	轿厢沿周边离地0.90m和0.65m高处设介助安全扶手
综合医院建筑	四及以上门诊、病房楼	《综合医院建筑设计规范》	病房楼高度超过24m,应设污物梯;供病人使用的电梯和污物梯,应采用病床梯;梯,应采用病床梯;三层以下无电梯的病房楼以及观察室与抢救室不在同一层又无电梯的急诊部均应设坡道其坡度不宜大于1:10,防滑措施。数量不应小于2台
疗养院建筑	超过四层	《疗养院建筑设计规范》	
图书馆建筑	四层及四层以上设有阅览室的图书馆	《图书馆建筑设计规范》	宜设乘客电梯或落货两用梯
文化馆建筑		《文化馆建筑设计规范》	
档案馆建筑	五层及五层以上	《档案馆建筑设计规范》	超过二层的档案库应设垂直运输设备
办公建筑	六层及六层以上	《办公建筑设计规范》	建筑高度超过75m的办公建筑电梯应分区或分层使用
宿舍建筑	入口层地面高度大于20m时	《宿舍建筑设计规范》	

表 6-5 各类建筑中对电梯设置的要求(按用途分类)

电梯类型	特点
乘客电梯	为运送乘客设计的电梯,要求有完善的安全设施以及一定的轿内装饰
载货电梯	主要为运送货物而设计,通常有人伴随的电梯
医用电梯	为运送病床、担架、医用车而设计的电梯,轿厢具有长而窄的特点
杂物电梯	供图书馆、办公楼、饭店运送图书、文件、食品等设计的电梯
观光电梯	轿厢壁透明,供乘客观光用的电梯
车辆电梯	用作装运车辆的电梯
船舶电梯	船舶上使用的电梯
建筑施工电梯	建筑施工与维修用的电梯
其他类型的电梯	有些特殊用途的电梯,如冷库电梯、防爆电梯、矿井电梯、电站电梯、消防员用电梯等

3. 消防电梯与设计。

(1)消防电梯应分别设置在不同防火分区内,且每个防火分区不应少于1台。相邻两个防火分区可共用1台消防电梯消

(2)防电梯在火灾时如供人员疏散使用,需要配套多种管理措施。目前只能由专业消防救援人员控制使用,且一旦进入应急控制程序,电梯的楼层呼唤按钮将不起作用,因此消防电梯也不能计入建筑的安全出口。

(3)符合消防电梯要求的客梯或货梯可兼作消防电梯。

(4)除设置在仓库连廊、冷库穿堂或谷物筒仓工作塔内的消防电梯外,消防电梯应设置前室,并应符合下列规定:

①前室宜靠外墙设置,并应在首层直通室外或经过长度不大于30m的通道通向室外;

②前室的使用面积不应小于$6.0m^2$;与防烟楼梯间合用的前室,应符合《建筑设计防火规范》(GB50016—2014)规定:应采用防烟楼梯间;2梯段之间应设置耐火极限不低于1.00h的防火隔墙;3楼梯间的前室不宜共用;共用时,前室的使用面积不应小于$6.0m^2$;楼梯间的前室或共用前室不宜与消防电梯的前室合用;合用时,合用前室的使用面积不应小于12.0m^2,且短边不应小于2.4m;两个楼梯间的加压送风系统不宜合用;合用时,应符合现行国家有关标准的规定。

③除前室的出入口、前室内设置的正压送风口和户门外,前室内不应开设其他门、窗、洞口。

④前室或合用前室的门应采用乙级防火门,不应设置卷帘。

⑤建筑高度大于32m且设置电梯的高层厂房(仓库),每个防火分区内宜设置1台消防电梯,但符合下列条件的建筑可不设置消防电梯:建筑高度大于32m且设置电梯,任一层工作平台上的人数不超过2人的高层塔架;局部建筑高度大于32m,且局部高出部分的每层建筑面积不大于$50m^2$的丁、戊类厂房。

⑥消防电梯井、机房与相邻电梯井、机房之间应设置耐火极限不低于2.00h的防火隔墙,隔墙上的门应采用甲级防火门。

⑦消防电梯的井底应设置排水设施,排水井的容量不应小于$2m^3$,排水泵的排水量不应小于10L/s。消防电梯间前室的门口宜设置挡水设施。

消防电梯应符合下列规定:应能每层停靠;电梯的载重量不应小于800kg;电梯从首层至顶层的运行时间不宜大于60s;电梯的动力与控制电缆、电线、控制面板应采取防水措施;在首层的消防电梯入口处应设置供消防队员专用的操作按钮;电梯轿厢的内部装修应采用不燃材料;电梯轿厢内部应设置专用消防对讲电话。

4. 无障碍通道设计。

(1)坡道和升降平台。

①建筑的入口、室内走道及室外人行通道的地面有高低差和有台阶时,必须设符合轮椅通行的坡道,在坡道和两级台阶以上的两侧应设扶手。

②供轮椅通行的坡道应设计成直线形,不应设计成弧线形和螺旋形。按照地面的高差程度,坡道可分为单跑式、双跑式和多跑式坡道。

③双跑式和多跑式坡道休息平台的深度不应小于1.50m。在坡道起点及终点应留有深度不小于1.50m的轮椅缓冲地带。

④建筑入口的坡道宽度不应小于1.20m,室内走道的坡道宽度不应小于1.00m,室外通路的坡道宽度不应小于1.50m。

⑤建筑入口及室内坡道的坡度不应大于1/12,室外人行通路坡道的坡度不应大于1/16。

⑥坡道高度的限定每段坡道的高度,其最大容许值应符合表6-6的规定。

表6-6 限定每段的坡道高度最大容许值

每段坡道设度为长度的限定坡度(高/长)	容许高度(m)	水平长度(m)
1/12	0.75	9.00
1/16	1.60	16.00
1/20	1.50	30.00

⑦在坡道两侧和休息平台只设栏杆时,应在栏杆下方的地面上筑起50mm的安全档台。

⑧供轮椅通行的坡道面层应平整,但不应光滑。也不应在坡面上加防滑条和作成礓磋式的坡面。

⑨自动升降平台占地面积小,适用于改建、改造困难的地段。升降平台的净面积不应小于1.50m×1.00m,平台应设栏板或栏杆及轮椅进出口和启动按钮。

(2)出入口。

①大、中型公共建筑入口的内外应留有不小于2.00m×2.00m轮椅回旋面积,小型公共建筑入口内外应留有不小于1.50m×1.50m轮椅回旋面积。

②建筑入口设有避风阁,或在门厅、过厅设有两道门,在两道门扇开启后的净距不应小于1.20m。

③供残疾人使用的门,首先应采用自动门和推拉门,其次是平开门。不应采用旋转门和力度大的弹簧门。

④轮椅通过自动门的有效通行净宽度不应小于1.00m,通过推拉门与平开门的有效通行净宽度不应小于0.80m。

⑤乘轮椅者开启推拉门或平开门时,在门把手一侧的墙面,应留有不小于0.50m的墙面宽度。

⑥乘轮椅者开启的门扇,应安装视线观察玻璃和横执把手及关门拉手,在门扇的下方宜安装高0.35m的护门板。

⑦大、中型公共建筑通过一辆轮椅的走道净宽度不应小于1.50m。小型公共建筑通过一量俩的走道净宽度不应小于1.20m,在走道末端应设有1.50m×1.50m轮椅回旋面积。

⑧走道的地面应平整、不光滑、不积水和没有障碍物。走道内有台阶时,应设符合轮椅通行的坡道。

⑨当门扇向走道内开启时应设凹室,凹室的深度不应小于0.90m,宽度不应小于1.30m。

⑩观演建筑、交通建筑及医疗建筑走道的两侧应设高0.85m的扶手。

⑪主要提供残疾人、老年人使用的走道:A.走道的宽度不应小于1.80m。B.走道的两侧必须设高0.85m的扶手。C.走道的地面必须平整,并选用防滑和遇水也不滑的地面材料。D.在走道两侧墙面的下部,应设高0.35m的护墙板。E.走道转弯处的阳角应设计成圆弧墙面或45度切角墙面。F.在走道一侧的地面,应设宽0.40m至0.60m的盲道,盲道内

边线距墙面0.30m。G.走道内不应设置障碍物,走道的照度应达到200Lx。

(2)扶手。

①在坡道、楼梯及超过两极台阶的两侧及电梯的周边三面应设扶手,扶手宜保持连贯。

②设一层扶手的高度为0.85m至0.90m,设二层扶手时,下层扶手的高度为0.65m。

③坡道、楼梯、台阶的扶手在起点及终点处,应水平延伸0.30m以上。

④扶手的形状、规格及颜色要易于识别和抓握,扶手截面的尺寸应为35mm至50mm,扶手内侧距墙面的净空为40mm。

扶手应选用优质木料或其他较好的材料,扶手必须要安装坚固,应能承受身体的重量。

◆ 6.9 添加送风机房、送风井、排风井等墙壁上的洞口(窗)

(1)点击"建筑"选项卡,选择"窗"工具,点击"百叶窗(500×1500)"。如图6-21(1)所示。选中之后点击"编辑类型",点击"复制"按钮,更改并命名为"百叶窗(1000×1500mm 2)",并设置宽度及粗略宽度(1000),点击"确定",如图6-21(2)所示。

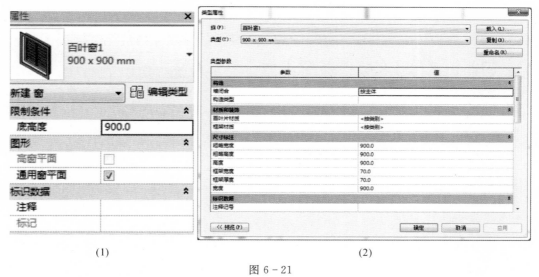

(1)　　　　　　　　　　　(2)

图6-21

(2)将选择好的百叶窗鼠标拖入目标送风井。如图6-22所示,其中底高度为900mm,系统自动计算顶高度为2400mm。继续添加剩余排烟井、排风井和送风处的百叶窗,根据系统创建的临时标注可以确定窗的位置。注意在排风井与储油间中应预留安全距离,因为我们所添加的洞口均为室内洞口(-1F层)。

(3)添加值班室洞口(窗)时,如果需要修改门窗位置,只需鼠标出现移动符号时拖拽门,系统即会自动重新定位合适位置。修改时的操作简便性也是BIM系统的优势之一。如图6-23所示。

继续添加值班室的窗,需要选择合适的门的大小。当"窗"中下拉菜单中没有合适尺寸的窗时,可以通过鼠标点击"插入"选项中的"载入族",再选择"建筑"中的"窗"点击"普通窗"选择"推拉窗"(见图6-24~图6-26),选择合适类型,如图6-25、图6-26所示打开,系统自动载入窗的选项。

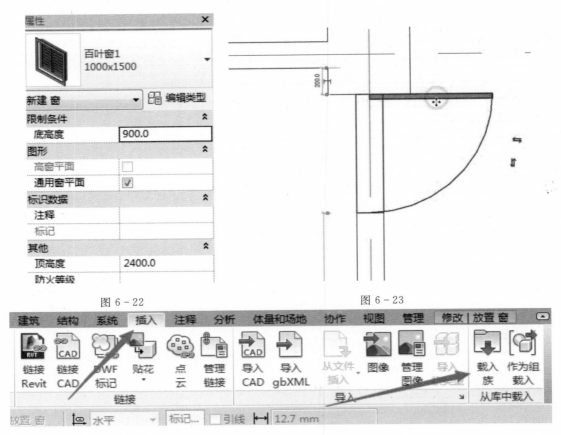

图 6 - 22

图 6 - 23

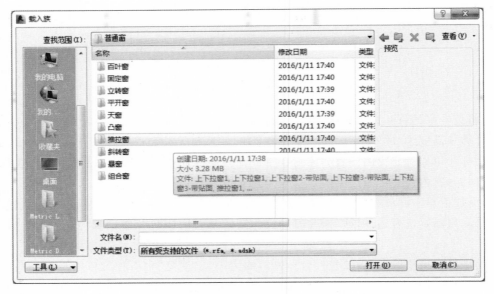

图 6 - 24

图 6 - 25

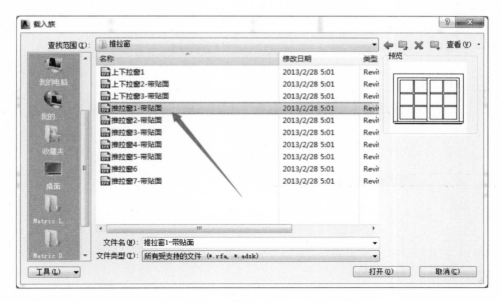

图 6 - 26

鼠标再次点击"建筑"选项卡中的"窗",选择刚才添加的窗类型,更改到所需的合适尺寸,更改的方法与更改百叶窗时相同。

点击"编辑类型",点击"复制",更改名称为"1500×1800",其尺寸标注中的粗略宽度改为"1500",粗略高度改为"1800",修改类型标记为"C1518"。如图 6 - 27 所示进行修改。

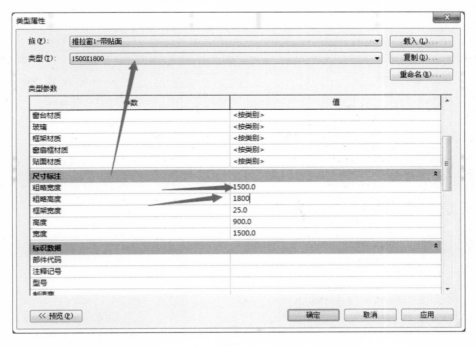

图 6 - 27

将修改好的窗类型鼠标拖入目标值班室,底高度设置为"900"。此时切换到三维视图可以查看以上添加好的窗与洞口。图 6 - 28 即为对比图。

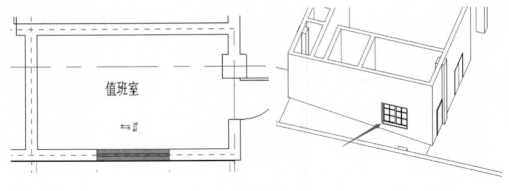

图 6 - 28

（4）继续添加另一侧送风机房的洞口（窗），选择"百叶窗 1000×1500mm"，如图 6 - 29 所示，用鼠标将其拖入目标位置。

（5）添加消防水池的洞口（门）需要注意洞口的位置符合消防规范，并方便检修，检修口需要与地面有一段距离的高差。选择好合适的门类型后，将其插入到目标点。

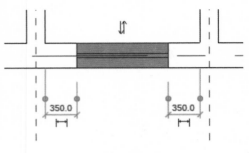

图 6 - 29

点击"插入"中的"载入族"选项"建筑"选项中的"门"，再点击"平开门"选择"单扇（单扇平开木门 1）"。如图 6 - 30 所示打开，此时所选门已载入门的选项。

图 6 - 30

选中门,在属性面板点击"编辑类型"选择"复制",更改所需名称为"700×700mm",更改粗略宽度及高度为"700mm",类型标记改为"M0707",如图 6 - 31 所示。鼠标拖入门至目标消防水池,更改底高度为"4000mm",切换至三维模式进行查看洞口位置。

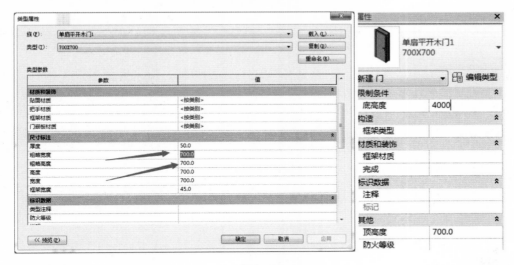

图 6 - 31

第 7 章　地上一层商业部分的设计与 Revit 建模

7.1　地上一层防火分区

根据《建筑设计防火规范》要求,教材案例项目为商业建筑,耐火等级为一级,防火分区面积为 1000 m²,如果加喷淋防火分区面积可增加一倍。

本项目一层占地长 98.4m,宽 29.6m,面积为 2912.64 m²,根据《建筑设计防火规范》规定,在项目 7 轴部分加一道防火卷帘,将其分为两个防火分区,并且需要添加喷淋,即分为:防火一区、防火二区。

当明确了防火分区以后,需要计算出每个防火分区的疏散宽度。

计算一至三层疏散楼梯宽度及确定疏散楼梯位置,根据教材规范,商业楼梯疏散宽度计算公式:

本层疏散楼梯宽度＝商业本层建筑面积×面积折算系数×本层人数换算系数×楼梯疏散宽度系数

 规范梳理

建筑设计相关规范中对于医院、疗养院的病房楼,旅馆,超过 2 层的商店等人员密集的公共建筑,设置有歌舞娱乐放映游艺场所且建筑层数超过 2 层的建筑,超过 5 层的其他公共建筑等五类建筑的疏散距离有以下规定。

1.公共建筑和通廊式非住宅类居住建筑中各房间疏散门的数量应经计算确定,且不应少于 2 个,该房间相邻 2 个疏散门最近边缘之间的水平距离不应小于 5m。当符合下列条件之一时,可设置 1 个:

(1)房间位于 2 个安全出口之间,且建筑面积小于等于 120m²,疏散门的净宽度不小于0.9m;

(2)除托儿所、幼儿园、老年人建筑外,房间位于走道尽端,且由房间内任一点到疏散门的直线距离小于等于 15m、其疏散门的净宽度不小于 1.4m;

(3)歌舞娱乐放映游艺场所内建筑面积小于等于 50m² 的房间。

2.居住建筑单元任一层建筑面积大于 650m²,或任一住户的户门至安全出口的距离大于 15m 时,该建筑单元每层安全出口不应少于 2 个。当通廊式非住宅类居住建筑超过表 7－1 规定时,安全出口不应少于 2 个。居住建筑的楼梯间设置形式应符合下列规定:

(1)通廊式居住建筑当建筑层数超过 2 层时应设封闭楼梯间;当户门采用乙级防火门时,可不设置封闭楼梯间;

(2)其他形式的居住建筑当建筑层数超过 6 层或任一层建筑面积大于 500m² 时,应设置封闭楼梯间,当户门或通向疏散走道、楼梯间的门、窗为乙级防火门、窗时,可不设置封闭楼梯间。

居住建筑的楼梯间宜通至屋顶,通向平屋面的门或窗应向外开启。

当住宅中的电梯井与疏散楼梯相邻布置时,应设置封闭楼梯间,当户门采用乙级防火门时,可不设置封闭楼梯间。当电梯直通住宅楼层下部的汽车库时,应设置电梯候梯厅并采用防火分隔措施。

表7-1　通廊式非住宅类居住建筑可设置一个安全出口的条件

耐火等级	最多层数	每层最大建筑面积(m²)	人数
一、二级	3层	500	第二层和第三层的人数之和不超过100人
三级	3层	200	第二层和第三层的人数之和不超过50人
四级	2层	200	第二层人数不超过30人

2.民用建筑的安全疏散距离应符合下列规定:

(1)直接通向疏散走道的房间疏散门至最近安全出口的距离应符合表7-2的规定;

(2)直接通向疏散走道的房间疏散门至最近非封闭楼梯间的距离,当房间位于两个楼梯间之间时,应按表7-2的规定减少5m;当房间位于袋形走道两侧或尽端时,应按表7-2的规定减少2m;

(3)楼梯间的首层应设置直通室外的安全出口或在首层采用扩大封闭楼梯间。当层数不超过4层时,可将直通室外的安全出口设置在离楼梯间小于等于15m处;

(4)房间内任一点到该房间直接通向疏散走道的疏散门的距离,不应大于表7-2中规定的袋形走道两侧或尽端的疏散门至安全出口的最大距离。

表7-2　直接通向疏散走道的房间疏散门至最近安全出口的最大距离(m)

名称	位于两个安全出口之间的疏散门			位于袋形走道两侧或尽端的疏散门		
	耐火等级			耐火等级		
	一、二级	三级	四级	一、二级	三级	四级
托儿所、幼儿园	25	20	—	20	15	—
医院、疗养院	35	30	—	20	15	—
学校	35	30	—	22	20	—
其他民用建筑	40	35	25	22	20	15

注:(1)一、二级耐火等级的建筑物内的观众厅、多功能厅、餐厅、营业厅和阅览室等,基室内任何一点至最近安全出口的直线距离不大于30m。

(2)敞开式外廊建筑的房间疏散门至安全出口的最大距离可按本表增加5m。

(3)建筑物内全部设置自动喷水灭火系统时,其安全疏散距离可按本表规定增加25%。

(4)房间内任一点到该房间直接通向疏散走道的疏散门的距离计算:住宅应为最远房间内任一点到户门的距离,跃层式住宅内的户内楼梯的距离可按其梯段总长度的水平投影尺寸计算。

2.学校、商店、办公楼、候车(船)室、民航候机厅、展览厅、歌舞娱乐放映游艺场所等民用建筑中的疏散走道、安全出口、疏散楼梯以及房间疏散门的各自总宽度,应按下列规定经计算确定:

(1)每层疏散走道、安全出口、疏散楼梯以及房间疏散门的每100人净宽度不应小于表7-3的规定;当每层人数不等时,疏散楼梯的总宽度可分层计算,地上建筑中下层楼梯的总宽度应按其上层人数最多一层的人数计算;地下建筑中上层楼梯的总宽度应按其下层人数最多一层的人数计算。

(2)当人员密集的厅、室以及歌舞娱乐放映游艺场所设置在地下或半地下时,其疏散走道、安全出口、疏散楼梯以及房间疏散门的各自总宽度,应按其通过人数每100人不小于1m

计算确定。

(3)首层外门的总宽度应按该层或该层以上人数最多的一层人数计算确定,不供楼上人员疏散的外门,可按本层人数计算确定。

(4)录像厅、放映厅的疏散人数应按该场所的建筑面积 1 人/m² 计算确定;其他歌舞娱乐放映游艺场所的疏散人数应按该场所的建筑面积 0.5 人/m² 计算确定。

(5)商店的疏散人数应按每层营业厅建筑面积乘以面积折算值和疏散人数换算系数计算。地上商店的面积折算值宜为 50%～70%,地下商店的面积折算值不应小于 70%。疏散人数的换算系数可按表 7-4 确定。

表 7-3 疏散走道、安全出口、疏散楼梯和房间疏散门每 100 人的净宽度(m)

楼层位置	耐火等级		
	一、二级	三级	四级
地上一、二层	0.65	0.75	1.00
地上三层	0.75	1.00	—
地上四层及四层以上各层	1.00	1.25	—
与地面出入口地面的高差不超过的 10m 的地下建筑	0.75	—	—
与地面出入口地面的高差超过 10m 的地下建筑	1.00	—	—

表 7-4 商店营业厅内的疏散人数换算系数(人/m²)

楼层位置	地下二层	地下一层、地上第一、二层	地上第三层	地上第四层及四层以上各层
换算系数	0.80	0.85	0.77	0.60

3.汽车库、修车库的室内疏散楼梯应设置封闭楼梯间。建筑高度超过 32m 的高层汽车库的室内疏散楼梯应设置防烟楼梯间。

4.一类建筑和除单元式和通廊式住宅外的建筑高度超过 32m 的二类建筑以及塔式住宅,均应设防烟楼梯间。

5.裙房和除单元式和通廊式住宅外的建筑高度不超过 32m 的二类建筑应设封闭楼梯间。封闭楼梯间的设置应符合下列规定:楼梯间应靠外墙,并应直接天然采光和自然通风,当不能直接天然采光和自然通风时,应按防烟楼梯间规定设置。

6.单元式住宅每个单元的疏散楼梯均应通至屋顶,其疏散楼梯间的设置应符合下列规定:

(1)十一层及十一层以下的单元式住宅可不设封闭楼梯间,但开向楼梯间的户门应为乙级防火门,且楼梯间应靠外墙,并应直接天然采光和自然通风。

(2)十二层及十八层的单元式住宅应设封闭楼梯间。

(3)十九层及十九层以上的单元式住宅应设防烟楼梯间。

7.十一层及十一层以下的通廊式住宅应设封闭楼梯间;超过十一层的通廊式住宅应设防烟楼梯间。

◆ 7.2 绘制一层的楼板

7.2.1 绘制操作

点击"建筑"选项卡,点击"楼板"工具,选择"建筑楼板",点击左边的属性框,点击"编辑类型",修改楼板名称为"综合楼一层楼板",点击"确定",完成设置。

在"材质"对话框中选择"混凝土",点击"确定"。点击"插入"选择面层1[4],点击"材质"编辑按钮,找到"沙/水泥找平",设置厚度为30;继续点击"材质"编辑按钮,插入面层2[4],找到"瓷砖",找到"瓷器6英寸"将材质添加到文档。在"外观"菜单下,勾选"使用渲染外观",在"表面填充图案"中选择"600×1200 mm",选择填充颜色"红色"截面填充图案,再选择"直线600×1200 mm",填充颜色"600×1200 mm"。见图7-1。

注意:在绘制楼板时用细线模式,切换到三维视图中有利于观察。

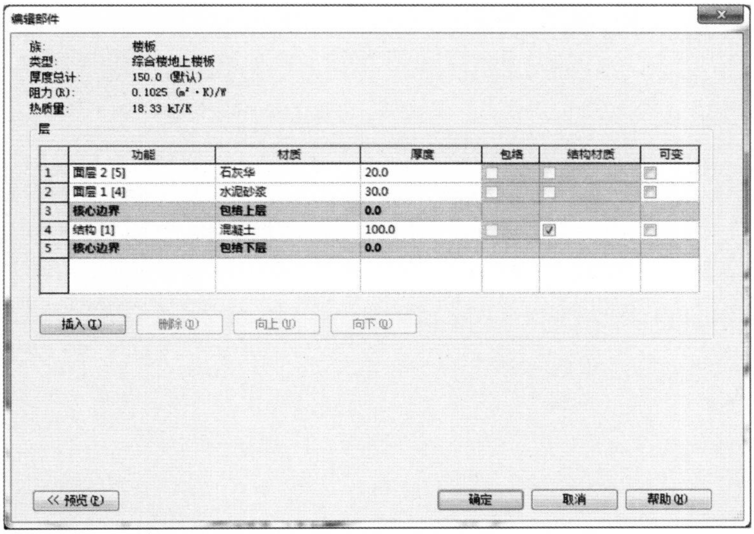

	功能	材质	厚度	包络	结构材质	可变
1	面层2 [5]	石灰华	20.0			
2	面层1 [4]	水泥砂浆	30.0			
3	核心边界	包络上层	0.0			
4	结构 [1]	混凝土	100.0		✓	
5	核心边界	包络下层	0.0			

图 7-1

7.2.2 在建筑设计中对于楼板构造的做法

底层地面和楼层楼面的基本构造层要满足使用或构造要求,否则可增设结合层、隔离层、填充层、找平层等其他构造层。楼层楼面的基本构造层宜有面层和楼板。底层地面的基本构造层宜为面层、垫层和地基。

 规范梳理

1.楼地面结构层要求。

(1)对其承重方面的作用,要求楼地面应具有足够的强度和刚度。

(2)对其分隔的作用,要求楼地面应具有一定的隔声能力,具有一定的防火、防潮和防水能力。

（3）其他方面,要求楼地面应满足各种管线布置的需要,另外应注意楼地面的造价的经济合理性,在设计时应考虑建筑工业化的需要。

2. 面层设计要求。

（1）具有足够的坚固性,即要求在各种外力的作用下具有足够的强度和刚度,不易磨损破坏且要求表面平整、光洁、易清洁和不起灰。

（2）保温性能好,即要求地面材料的导热系数小,给人以温暖舒适的感觉,冬季时走在上面不致感到寒冷。

（3）应具有一定的弹性,当人们行走时不致有过硬的感觉,同时有弹性的地面对隔撞击声有利。

（4）应满足某些特殊需要:对有水作用的房间,地面应防潮防水;对有火灾隐患的房间,应防火。

3. 各类型楼地面的面层材料和要求,见表7-5。

表7-5 各类型楼地面构造做法和要求

楼面类型	面层材料、构造及要求	
公共建筑中,经常有大量人员走动或残疾人、老年人、儿童活动及轮椅、小型推车行驶的地面	面层宜采用耐磨、防滑、不易起尘的无釉地砖、大理石、花岗石、水泥花砖等块材面层和水泥类整体面层	
公共场所的门厅、走道、室外坡道及经常用水冲洗或潮湿、结露等容易受影响的地面	应采用防滑面层,禁止采用非防滑抛光建材,并要求使用中加强日常维护和管理	
室内环境具有较高安静要求的地面	其面层宜采用地毯、塑料或橡胶等柔性材料	
供儿童及老年人公共活动的主要地面	面层宜采用木地板、强化复合木地板、塑料板等暖性材料	
使用地毯的地面	经常有人员走动或小型推车行驶的地面	宜采用耐磨、耐压性能较好、绒毛密度较高的尼龙类地毯	应满足防霉、防蛀、防火和防静电等要求
	有特殊要求的地段	应符合相关的技术规定	
舞厅、娱乐场所地面	宜采用表面光滑、耐磨的水磨石、花岗石、玻璃板、混凝土密封固化剂等面层材料,或表面光滑、耐磨和略有弹性的木地板	
有不起尘、易清洗和抗油腻沾污要求的餐厅、酒吧、咖啡厅等地面	宜采用水磨石、防滑地砖、陶瓷锦砖、木地板或耐沾污地毯等	
室内体育运动场地、排练厅和表演厅等	应采用木地板、聚氨酯橡胶复合面层、运动橡胶面层等弹性地面	
室内旱冰场地面	应采用具有坚硬耐磨和平整的现浇水磨石、耐磨水泥砂浆等面层材料	
存放书刊、文件或档案等纸质库房地面,珍藏各种文物或艺术品和装有贵重物品的库房地面	宜采用木地板、塑料、水磨石、防滑地砖等不起尘、易清洗的面层;底层地面应采取防潮和防结露措施	
有贵重物品的库房	采用水磨石、防滑地砖时宜在适当范围内增铺柔性面层	
有采暖要求的地面	可选用地面辐射供暖(热源为低温热水)、面层为地砖、水泥砂浆、木板等材料	

续表 7-5

楼面类型		面层材料、构造及要求
有清洁和弹性要求的地面	有清洁使用要求时	宜采用经处理后不起尘的水泥类面层,水磨石面层或其他板块材面层
	有清洁和弹性等使用要求时	宜采用树脂类自流平材料面层、橡胶板、聚氯乙烯板等面层
	有清洁要求的底层地面	宜设置防潮层,当采用树脂类自流平材料时,应设置防潮层。
有空气洁净度等级要求的建筑地面		应平整、耐磨、不起尘,并易除尘、清洗,其底层地面应设防潮层;面层应采用不燃、难燃的材料,并宜有弹性与较低的导热系数;面层应避免眩光,面层材料的光反射系数宜为 0.15～0.35;必要时尚应不易积聚静电
有空气洁净度等级要求的一般地面		宜设变形缝,空气洁净度等级为 N1～N5 级的房间地面不应设变形缝
采用架空活动地板的建筑地面		地板材料应根据工艺生产对地面材料的燃烧性能和防静电要求进行选择;架空活动地板有送风、回风要求时,活动地板下应采用现浇水磨石、涂刷树脂类涂料的水泥砂浆或地砖等不起尘面层;必要时根据使用要求采取保温、防水措施
现浇水磨石面层		宜用铜条或铝合金条分格,当金属嵌条对某些生产工艺有害时,可采用玻璃条分格
药品生产厂房地面		应符合现行国家标准《医药工业洁净厂房设计规范》(GB50457－2008)有关规定要求
有防静电要求的地面		应采用表层静电耗散性材料,其表面电阻率体积电阻率等主要技术指标应满足生产和使用要求,并应设置导静电泄放设施和接地连接
通行电瓶车、载重汽车、叉车及从车辆上倾卸物件或地面上翻转小型物件的地面		用现浇混凝土垫层兼面层、细石混凝土面层、钢纤维混凝土面层或非金属骨料耐磨面层、混凝土密封固化剂面层、聚氨酯耐磨地面涂料等
通行金属轮车、滚动坚硬的圆形重物,拖运尖锐金属物件等易磨损地段,交通频繁或承受严重冲击的地面		宜采用金属骨料耐磨面层、钢纤维混凝土面层或面层兼垫层,其混凝土强度等级不应低于 C30;或采用混凝土垫层兼面层、非金属骨料耐磨面层,其垫层的混凝土强度等级不应低于 C25
经常受腐蚀性介质作用的地面		应根据腐蚀性介质的类别和作用情况,防护层使用年限和使用过程中对面层材料耐腐蚀性能和物理力学性能的要求,并结合施工、维修条件合理地进行选择,并符合现行国家标准《工业建筑防腐蚀设计规范》(GB50046－2008)的有关规定
有大型设备且检修频繁和有撞击磨损作用的地面		采用厚度不小于 60mm 的块材面层或水玻璃混凝土、树脂细石混凝土、密实混凝土等整体面层
楼层地面经常受机油直接作用的地面		应采用防油渗混凝土面层;现浇钢筋混凝土楼板上宜设置防油渗隔离层;有较强机械设备振动作用的现浇钢筋混凝土楼板上应设置防油渗隔离层
湿热地区非空调建筑的底层地面		采用微孔吸湿、表面粗糙的面层
不发火花(防爆)的地面		采用不发火花材料铺设,常用的面层材料有不发火花细石混凝土、不发火花水泥砂浆、不发火花沥青砂浆、木材、橡胶和塑料等

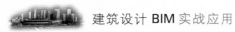

4.地面垫层类型的选择,见表7-6。

表7-6　地面垫层类型的选择

垫层类型	材料及要求
现浇整体面层、以黏结剂结合的整体面层和以黏结剂或砂浆结合的块材面层	宜采用混凝土垫层
以砂或炉渣结合的块材面层	宜采用碎(卵)石、灰土、炉(矿)渣、三合土等垫层
通行车辆以及从车辆上倾卸物件或在地面上翻转小型物件等地段	宜采用混凝土垫层
生产过程中有防油渗要求及有汞滴漏的地面	应采用密实性好的配筋的混凝土垫层

5.楼地面的构造要求。

(1)面层。

面层厚度设计见表7-7。

表7-7　面层厚度

面层名称	材料强度等级	厚　　度(mm)
混凝土(垫层兼面层)	≥C20,C25	按垫层确定
细石混凝土	≥C20,C30	40～50
聚合物水泥砂浆	≥M20	20
水泥砂浆	≥M15	20
水泥钢(铁)屑	≥M40	30～40(含结合层)
水泥石屑	≥M30	20
现制水磨石	≥M15	30(含结合层)
耐磨混凝土(金属骨料面层)	≥C30	50～80
钢纤维混凝土	≥CF30,CF40	60～40
钢纤维混凝土(垫层兼面层)	≥CF30	120～140
防油渗混凝土	≥C30	60～70
防油渗涂料	——	5～7
耐热混凝土	≥C20	≥60
不发火花细石混凝土	≥C20	40～50
不发火花沥青砂浆	——	20～30
防静电水磨石	≥M15	40(含结合层)材料应导静电
防静电水泥砂浆	≥M15	40～50(含结合层)材料应导静电
防静电塑料板	——	2～3
防静电橡胶板	——	2～8
防静电活动地板	——	150～400 高(成品)

续表 7 - 7

面层名称	材料强度等级	厚　度(mm)
通风活动地板	——	300～400 高(成品)
水泥花砖	≥MU15	20～40
预制水磨石板	≥M15	25～30
陶瓷锦砖(马赛克)	——	5～8
陶瓷地砖(防滑面砖、釉面砖)	——	8～14
大理石、花岗石板	——	20～40
耐酸瓷板(砖)	——	20、30、65
花岗岩条、块石	≥MU60	80～120
块石	≥MU30	100～150
玻璃板(不锈钢压边、收口)	——	12～24(专用胶黏结)
铸铁板	——	7～10
网纹钢板	——	6
木板、竹板(单层)(双层)	——	18～22 12～18
薄型木板(席文拼花)	——	8～12
强化复合木地板(单层) (双层)	——	8～12(专用胶粘铺) 8～12(专用胶粘铺)
聚氨酯涂层	——	1.2
丙烯酸涂料	——	0.25
聚氨酯自流平涂料	——	2～4
环氧树脂自流平涂料	——	3～4
环氧树脂自流平砂浆	≥80MPa	4～7
干式环氧树脂砂浆	≥80MPa	3～5
聚酯砂浆	——	4～7
石英塑料板	——	1.6～3.2(专用胶黏结)
聚氯乙烯板	——	1.5～2
橡胶板	——	3
聚氨酯橡胶复合面层	——	3.5～6.5(含发泡层、 网格布等多种材料)
运动橡胶面层	——	4～5(用专用胶粘剂粘贴)
地毯(单层) (双层)	——	5～8 8～10(含橡胶海绵衬垫)

面层名称	材料强度等级	厚度（mm）
地面辐射供暖面层 （地砖、水泥砂浆、木板）	——	地砖 8～10 水泥砂浆 20～30 木板 12～18
矿渣、碎石（兼垫层）	——	80～150
煤矸石砖、耐火砖（平铺） （侧铺）	≥MU10	53 115

注：①双层木板、竹板地板面层厚度不包括毛地板厚，其面层用硬木制作时，板的净厚度宜为 12mm～18mm。

②双层强化复合木地板面层厚度不包括毛板、细木工板、中密度板厚。

③地面辐射供暖（热源宜选用低温热水），由面层、填充层、绝热层、隔离层、防水层等组成。

④本规范中沥青类材料均指石油沥青。

⑤防油渗混凝土的抗渗性能宜符合现行国家标准《普通混凝土长期性能和耐久性能试验方法》(GBT50082—2009)进行检测，用 10 号机油为介质，以试件不出现渗油现象的最大不透油压力为 1.5MPa。

⑥防油渗涂料黏结抗拉强度为大于等于 0.3MPa。

⑦铸铁板厚度系指面层厚度。

⑧耐磨混凝土面层不包括金属骨料 5～7mm 厚的耐磨材料。

⑨涂料的涂刷和喷涂，不得少于 3 遍，其配合比和制备及施工，必须严格按各种涂料的要求进行。

⑩钢纤维混凝土面层与混凝土垫层有可靠黏结时，面层可减薄，但不应小于 40mm。

（2）垫层。

①底层地面垫层材料的厚度和要求应综合考虑地基土质特性、地下水特征、使用条件、施工条件以及技术经济指标等因素确定

②垫层及面层均要求分仓浇筑或留缝（伸缝或缩缝）。

③对于重要的建筑地面或混凝土垫层下存在软弱下卧层的建筑地面均应设地基加强层并进行地基变形计算。

④垫层最小厚度见表 7－8。

表 7－8　垫层最小厚度

垫层名称	厚度	材料强度等级或配合比
混凝土	最小厚度不应小于 80mm	混凝土垫层不应低于 C15，混凝土垫层兼面层不应低于 C20
灰土	不应小于 100mm	其配合比为 3∶7 或 2∶8
砂	不应小于 60mm	——
砂石	不应小于 100mm	——
碎石（砖）	不应小于 100mm	——
三合土	不应小于 100mm	其配合比为 1∶2∶4
炉渣	不应小于 80mm	其配合比为 1∶6 或 1∶1∶6

（2）设缝。

①大面积室内地面的混凝土垫层及水泥面层宜设置缩缝，不设伸缝。纵向缩缝间距3～6m，采用平头缝或企口缝（垫层厚度≥150mm时）；横向缩缝间距6～12m，应做成假缝，缝局为1/3垫层厚，缝宽5～20mm，并嵌填水泥砂浆。

②大面积室外地面的混凝土垫层及水泥面层应设置伸缝和缩缝。伸缝间距30m，缝宽20～30mm，上下贯通，缝内填沥青类材料。沿缝两侧的混凝土边缘应局部加强。

（4）防潮。

①木地板应作防潮、防腐和防虫处理。

②首层地面应作防潮处理：混凝土地骨（垫层）下采用松散透水材料，如炉渣、陶粒、砾石、粗砂等；混凝土地骨（垫层）上做20厚1∶2水泥防水砂浆（掺3％～5％防水剂）或铺一层油毡。

（5）地基。

①地面垫层应铺设在均匀密实的地基上。对淤泥、淤泥质土、冲填土及杂填土等软弱地基，应根据地面使用要求、土质情况并按现行国家标准《建筑地基基础设计规范》（GB50007—2011）等有关规定进行设计与处理，使其符合建筑地面的要求。

②压实填土地基的压实系数、含水量应符合下列规定：

A.压实系数λ不应小于0.94。

B.控制含水量W_o(％)应为：

$$W_o = W_{op} \pm 3$$

式中：W_{op}为土的最优含水量(％)，可按当地经验或取$W_p \pm 2$，粉土可取14～18；W_p为土的塑限。

C.压实系数应经现场试验确定。当无试验条件时，应要求施工压实机具、每层铺土厚度及每层压实遍数，均应符合表7-9的规定。

表7-9 压实填土施工时的每层铺土厚度及压实遍数

压实机具	每层铺土厚度(mm)	每层压实遍数
平碾	250～300	6～8
振动压实机	250～350	3～4
柴油打夯机	200～250	3～4
人工打夯	≤200	3～4

注：1.本表适用于选用粉土、黏性土等作土料，对灰土、砂土类填料应按现行国家标准《建筑地基基础工程施工质量验收规范》GB50202的有关规定执行。

2.本表适用于填土厚度在2m以内的填土。

（6）散水。

建筑物四周可设置散水、排水明沟或散水带明沟。散水的设置应符合下列要求：

①散水的宽度应根据地基土壤性质、气候条件、建筑物的高度和屋面排水型式确定，宜为600mm～1000mm；当采用无组织排水时，散水的宽度可按檐口线放出200mm～300mm。

②散水的坡度可为3％～5％。当散水采用混凝土时，宜按20m～30m间距设置伸缝。散水与外墙之间宜设缝，缝宽为20mm～30mm，缝内应填柔性密封材料。

◆ 7.3 绘制一层的墙体

（1）点击"建筑墙"选择常规 200，在编辑类型中复制新的墙类型，重命名为"综合楼地上外围护墙体"，完成后点击"确定"。

在"材质"对话框选择"加气混凝土砌块"，点击"确定"。点击"插入"，选择"向上"，点击"面层 1[4]"，点击"材质"编辑按钮，找到"沙/水泥找平"，设置厚度为 30；继续占击破"插入"，点击"向下"，选择"面层 2[5]"，找到"石料"，将"石灰华"材质添加到文档。在"外观"菜单下，勾选"使用渲染外观"，在"表面填充图案"中选择"600×1200 mm"，选择填充颜色"黑色"截面填充图案，再选择"直线 600×1200 mm"，填充颜色"600×1200 mm"。如图 7 - 2 所示。

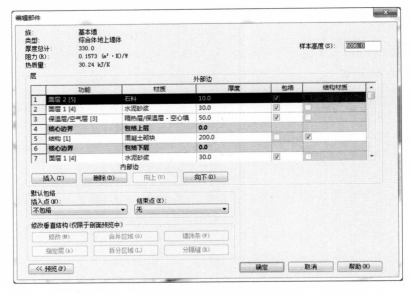

图 7 - 2

（2）墙体内部饰面层。

在"材质"对话框中选择"水泥砂浆找平层抹灰层"，设置厚度为 30；继续点击"插入"编辑按钮，选择"向下"，选择"面层 2[5]"，设置厚度为 10。在"类别"对话框选择"油漆"，将其添加到文档，在"外观"菜单下，勾选"使用渲染外观"，点击"确定"。见图 7 - 3。

（●）注意：在绘制墙体时，定位线选择核心层中心线，顶高度 F2 标高处，确保底部偏移为零，顺时针方向绘制。

◆ 7.4 绘制一层的柱子

全部选中所有图元，点击"过滤器"，选择"放弃全部"，选择柱子图元，点击"确定"，这时将会选中模型所有的柱子图元。

在"类型属性"工具中设置所有的柱子顶部标高为"F2"，点击"应用"，这时会发现所有的柱子已经添加的到一层视图。

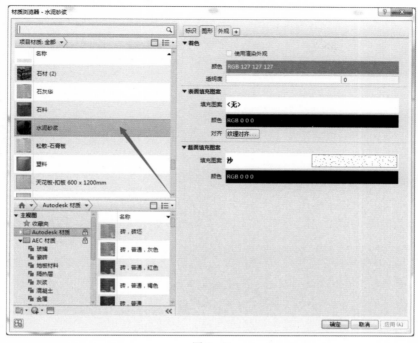

图 7 - 3

 规范梳理

在建筑设计当中对于墙体的构造要求

砖墙及吸水性大的墙体,为防止墙基毛细水上升,应设置连续的水平防潮层。防潮层的位置一般设在室内地面的混凝土垫层中间处,标高约为—0.060。当室内相邻地面有高差时,应分别在较低的地面下60mm处做水平防潮层及高差处靠土的一侧的墙身侧面做垂直防潮层。

1.当墙基为钢筋混凝土、混凝土或石砌体时,可不做防潮层。

2.防潮层做法:一般采用20mm厚1∶2水泥防水砂浆(内掺3‰~5‰防水剂),不得采用卷材做墙身防潮层,最好采用地圈梁或基础梁代替防潮层。

3.处于高湿度环境下的墙体应采用混凝土砌块等耐水性好的材料,不宜采用吸湿性强的材料,更不应采用因吸水变形,腐烂导致强度降低的材料。

4.墙体防火。

(1)建筑物应按照《建筑设计防火规范》及《建筑设计防火规范》关于防火分区的规定设置防火墙。

当多层建筑屋盖为耐火极限不低于0.5h,高层厂房(仓库)屋盖为耐火极限不低于1.0h的不燃烧体时,防火墙可不出屋面,砌至屋面基层的底部即可。如达不到耐火极限要求则应高出屋面400mm以上,当屋盖为难燃烧体或燃烧体时,防火墙应高出屋面500mm。

(2)防火墙与外墙。当外墙为难燃烧体时,防火墙应突出外墙表面400mm以上,且在其两侧分别设不小于2m(共不小于4m)的不燃烧体(包括墙体及屋面)。

（3）防火墙与天窗。防火墙中心距天窗的水平距离小于4m，且天窗端面为燃烧体时，应采取防止火势蔓延的措施。

（4）防火墙上不应开设门、窗、洞口，如必须开设时，应采用甲级防火门窗，并应能自行关闭。

（5）输送可燃气体和甲、乙、丙类液体的管道严禁穿过防火墙。其他管道不宜穿过防火墙，如必须穿过时，应采用不燃烧体材料将缝隙填塞密实。

（6）防火墙不宜设在转角处。如设在转角附近，内转角两侧墙上的门、窗、洞口之间最近边缘的水平距离不应小于4m；当相邻一侧装有固定乙级防火窗时，距离可不限。

（7）紧靠防火墙两侧的门、窗洞口之问最近边缘的水平距离不应小于2m如装有固定乙级防火窗时距离可不限。

5. 公共建筑的大堂、百货商场的营业厅、展览馆内的展览厅、大型厂房、库房、大型地下停车库等不便设置或无法设置防火墙的大空间（公共娱乐场所除外），可用复合型防火卷帘或防火水幕代替防火墙，但应符合下列规定：用普通防火卷帘代替防火墙时，其两侧应加水幕系统保护；用特级防火卷帘代替防火墙时，可省去水幕保护系统，但其背火面温升耐火极限应≥3h。

7. 墙体隔声。

（1）围护结构（隔墙和楼板）空气声隔声标准（计权隔声量 dB）。

（2）各种墙体空气声隔声性能举例见表7-10。

表 7-10　各种墙体空气声隔声性能举例

材　料	构造做法(mm)		计权隔声量(dB)
钢筋混凝土墙	100 厚	双面抹灰	48.0
	200 厚	双面抹灰	54.0
混凝土空心砌块墙	190 厚	砌块	52.0
	140 厚	砌块	45.0
	90 厚	物块	40.0
加气混凝土墙	100 厚	砌块	41.0
	125 厚	砌块	42.0
	150 厚	砌块	44.0
	200 厚	砌块	48.0
	240 厚	砌块	50.0
轻钢龙骨石青板墙	龙骨高75	12＋12	37.0
		2×12＋12	43.0
		2×12＋2×12	49.0
		2×12＋25	51.0
		12＋12 中填 30 厚超细玻璃棉	47.0
		2×12＋12 中填 40 厚岩棉	50.0
		2×12＋2×12 中填 30 厚超细玻璃棉	51.0
		2×12＋2×12 中填 40 厚岩棉	52.0

续表 7-10

材　料	构造做法（mm）	计权隔声量（dB）
圆孔石膏板墙	单层 60 厚	32.0
	双层（60＋60）中空 50 填矿棉毡	42.5
增强石書空心条板墙	增强石膏空心条板＋空气层 40＋增强石膏空心条板	45.0
	增强石膏空心条板＋空气层 20＋增强石膏空心条板	41.0
陶粒混凝土墙	板墙 140 厚	42.0
	陶粒无砂水泥板墙 40 厚	35.0
	陶粒无砂水混板墙，双层（40 十 40），中空 50	45.0
硅酸盐砌块墙	200 厚，双面抹灰	52.0
玻纤增强水泥墙板（GRC）	60 厚（重＞110kg/m²）	38.0
	60 厚（重≤40kg/m²）	36.0
增强石膏水泥板墙或砌块	100 厚（重 62.5kg/m²）	39.0
钢板墙	双层（1.0＋1.0），中空 80 满填超细玻璃棉	51.0
	双层（1.5＋1.0），中空 80 满填超细玻璃棉	53.0
	双层（1.5＋1.5），中空 80 满填超细玻璃棉	54.0
	双层（2.5＋1.5），中空 80 满填超细玻璃相	55.0

注：（1）因资料来源及检测的具体情况不同，同一材料或构造做法的墙体隔声量参数有差别，上表数据仅供参考。

（2）单一材料构造的墙体对空气声的隔声性能，材料密度越大性能越好。

8. 幕墙、采光顶。

（1）常用类型。

①建筑幕墙：由面板与支承结构体系（支承装置与支承结构）组成的、可相对主体结构有一定位移能力或自身有一定变形能力、不承担主体结构所受作用的建筑外围护墙。

按结构形式分为：构件式、单元式、点支承式、全玻式、双层幕墙。

按面层材料分为：玻璃幕墙、石材幕墙、金属板幕墙、人造板幕墙、光电幕墙。

按面层构造分为：封闭式、开放式。

②采光顶。

按支撑结构分为：钢结构、索杆结构、铝合金结构、玻璃结构。

按可开合性分为：非开合式、可开合式。

（2）主要材料及选用要点。

①建筑幕墙、采光顶常用材料主要分布饰面材料、骨架材料、密封材料、五金件等。

②常用材料的技术要求应符合国家和行业相关标准的要求及有关节能和环保的要求。

③建筑幕墙、采光顶用玻璃选用要点见表 7-11。

表 7－11　建筑幕墙、采光顶用玻璃选用要点

	幕墙	采光顶
共性	1. 应采用安全玻璃,符合《建筑用安全玻璃 第 3 部分:夹层玻璃》(GB 15763.3－2009)、《建筑用安全玻璃 第 2 部分:钢化玻璃》(GB15763.2)、《中空玻璃》(GB/T11944)、《建筑用安全玻璃 第 1 部分防火玻璃》(GB15763.1－2009)的要求; 2. 钢化玻璃宜经过二次均质处理; 3. 玻璃应进行机械磨边和倒角处理,倒棱宽度不宜小于 1 mm; 4. 中空玻璃产地与使用地或与运输途径地的海拔高度相差超过 1000 m 时,宜加装毛细管或呼吸管平衡内外气压差	
个性	1. 玻璃的公称厚度应经过强度和刚度验算后确定,单片玻璃、中空玻璃的任一片玻璃厚度不宜小于 6 mm。 2. 安全玻璃宜采用:如钢化玻璃、夹层玻璃、夹丝玻璃等。 3. 夹层玻璃的要求: ①夹层玻璃宜为干法加工合成,夹层玻璃的两片玻璃厚度相差不应大于 3 mm; ②夹层玻璃的胶片宜采用聚乙烯醇缩丁醛(PVB)胶片;PVB 胶片的厚度应不小于 0.76 mm。有特殊要求时,也可采用(SGP)胶片,面积不宜大于 2.5m²; ③暴露在空气中的夹层玻璃边缘应进行密封处理。 4. 中空玻璃的要求: ①中空玻璃的间隔铝框采用连续折弯型或插角型,中空玻璃气体层厚度不应小于 9 mm; ②宜采用双道密封结构,明框玻璃幕墙可采用丁基密封胶和聚硫密封胶;隐框、半隐框玻璃幕墙应采用丁基密封胶和硅酮密封胶。 5. 防火玻璃的要求: ①应根据建筑防火等级要求,采用相应的防火玻璃; ②防火玻璃按结构分为:复合防火玻璃(FFB)和单片火玻璃(DFB);单片防火玻璃的厚度一般为:5 mm、6 mm、7 mm、8 mm、10 mm、12 mm、15 mm、19 mm; ③防火玻璃按耐火性能分为:隔热型防火玻璃(A 类),即同时满足耐火完整性、耐火隔热性要求的防火玻璃;非隔热型防火玻璃(B 类),即仅满足耐火完整性要求的防火玻璃。防火玻璃按耐火极限分为 5 个等级:0.50 h、1.00 h、1.50 h、2.00 h、3.00 h。 6. 玻璃肋板玻璃应采用夹层玻璃,如两片夹层、三片夹层玻璃等,具体厚度应根据不同的应用条件,如板面大小、荷载、玻璃种类等具体计算	1. 玻璃宜采用夹层玻璃和夹层中空玻璃。玻璃原片可根据设计要求选用,且单片玻璃厚度不宜小于 6 mm,夹层玻璃的玻璃原片不宜小于 5 mm。 2. 中空玻璃的夹层应设置在室内一侧。 3. 夹层玻璃的要求: ①夹层玻璃宜为干法加工合成,夹层玻璃的两片玻璃相差不宜大于 3 mm; ②夹层玻璃的胶片宜采用聚乙烯醇缩丁醛(PVB)胶片;PVB 胶片的厚度应不小于 0.76 mm; ③暴露在空气中的夹层玻璃边缘应进行密封处理。 4. 不宜采用单片低辐射玻璃。 5. 中空玻璃气体层的厚度不应小于 12 mm。 6 夹层中空玻璃宜采用双道密封结构,隐框玻璃的二道密封应采用硅酮结构密封胶。 7. 其他参考幕墙玻璃要求

　　注:本表依据《建筑幕墙》(GB/T 21086－2007)、《建筑玻璃采光顶》(JG/T 231－2007)、《建筑玻璃应用技术规程》(JGJ113－2009)等编制的。

　　④建筑幕墙、采光顶用钢材选用要点见表 7－12。

表 7 - 12　建筑幕墙、采光顶用钢材选用要点

材料	幕墙	采光顶
钢材	1. 钢格表面应具有抗腐蚀能力,并采取避免双金属的接触腐蚀。 2. 支承结构所选用的碳素结构钢和低合金高强度结构钢、耐候钢。 3. 钢索压管接头应采用经固溶处理的奥氏体不锈钢。 4. 碳素结构和低合金高强度结构钢应采取有效的防腐处理: ①采用热浸镀锌防腐蚀处理时,锌膜厚度应符合现行国家《金属覆盖层钢铁制品热镀锌层技术要求》GB/T13912 的规定; ②采用防腐涂料时,涂层应完全覆盖钢材表面和无端部封板的闭口型材的内侧; ③采用氟碳漆喷涂或聚氨酯漆喷涂时,涂膜的厚度不宜小于 $35\mu m$,在空气染严重及海滨地区,涂膜厚度不宜小于 $45\mu m$; 5. 主要受力构件和连接件不宜采用壁厚小于 4mm 的钢板、壁厚小于 3mm 的钢管、尺寸小于 L45×4 和 L56×36×4 的角钢以及壁厚小于 2mm 的冷成型薄壁型钢	1. 采光顶宜采用奥氏体不锈钢材,且铬镍总量不低于 25%,含镍不少于 8%。 2. 玻离采光顶使用的钢索应采用钢绞线,且钢索的公称直径不宜小于 12 mm。 3. 采光顶内用钢结构支撑时,钢结构表面应做防火处理。 4. 其他参照幕墙要求

⑤建筑幕墙、采光顶用铝合金型材选用要点见表 7 - 13。

表 7 - 13　建筑幕墙、采光顶用铝合金型材选用要点

材料	幕墙	采光顶
铝合金型材	1. 型材尺寸允许偏差应满足高精级或超市精级要求; 2. 立柱截面主要受力部位的厚度,应符合下列要求; ①铝型材截面开口部位的厚度不应小于 3.0mm,闭口部位的厚度不应小于 2.5mm;型材孔壁与螺钉之间直接采用螺纹受力连接时,其局部厚度尚不应小于螺钉的公称直径。 ②对偏心受压立柱,其截面宽厚比应符合《玻璃幕墙工程技术规范》JGJ102 中的相应规定。 3. 铝合金型材膜厚应符合下列规定: ①阳极氧化膜最小平均厚度不应小于 15 μm,最小局部膜厚不应小于 $12\mu m$; ②粉末静电喷涂涂层厚度的平均值不应小于 $60\mu m$,其局部厚度不应大于 $120\mu m$ 且不应小于 $40\mu m$; ③电泳涂漆复合膜局部厚度不应泪地 $21\mu m$; ④氟碳喷涂涂层平均厚度不应小于 $30\mu m$,最小局部厚度不应小于 $25\mu m$。 4. 铝合金隔热型材的隔热条应符合《建筑用硬质塑料热条》(JG/T 174－2005)的要求	铝合金型材采用阳极氧化、电泳涂漆、粉末喷涂、氟碳漆喷涂进行表面处理时,应符合《铝合金建筑型材》GB5237 规定的质量要求。表面处理的膜厚、级别、种类应符合《建筑玻璃采光顶》(JG/T231－2007)的有关规定

⑥建筑幕墙、采光顶用密封材料材选用要点见表7-14。

表7-14 建筑幕墙、采光顶用密封材料材选用要点

材料	幕墙	采光顶
共性	1.采用的密封材料必须在有效期内使用。 2.采用橡胶材料应符合《硫化橡胶和热塑性橡胶 建筑用预成型密封垫的分类、要求和试验方法》(HG/T3100-2004)和《工业用橡胶板》(GB/T2274-2008)的规定,宜采用三元乙丙克橡胶、氯丁橡胶或丁基橡胶、硅橡胶	
个性	1.隐框和半隐框玻璃幕墙,其玻璃与铝型材的粘结必须采用中性硅酮结构密封胶;全玻璃幕墙和点支承幕墙采用镀玻璃时,不应采用酸性硅酮结构密封胶粘结。 2.玻璃幕墙用硅酮结构密封胶的宽度、厚度尺寸应通过计算确定,结构胶厚度不宜小于6mm且不宜大于12mm,其宽度不宜小于7mm且不小于百度的2倍。位移能力级别应符合设计位移量的要求,不宜小于20级。 3.结构密封胶、硅酮密封胶同幕墙基材、玻璃和附件应具有良好的相容性和粘结性。 4.石材幕墙金属挂件与石材间粘接固定材料宜选用干挂石材用环氧胶粘剂,不应使用不饱和聚酯类胶粘剂	1.采光顶中用于玻璃与金属构架、玻璃与玻璃、玻璃与玻璃肋之间的结构弹性连接采用中性硅酮结构密封胶。 2.中性硅酮耐候密封胶的位移能力应充分满足工程接缝的变形要求,采光顶工程所使用的材料一般具有较大的线膨胀系数,应优先选用大伸长、高位移能力的硅酮耐候封胶,其模量和级别应参照目前国际先进的标准或规范来选择,如美国ASTMC920标准中50级别

⑦建筑幕墙、采光顶用五金配件、锚固件、转接件、连接件等材料的承截力、使用寿命除应符合国家相关标准规范外,还应满足设计要求;除不锈钢外,均应做防腐处理;幕墙用背材的耐火性、耐腐蚀性、耐久性应低于后部支承结构所用材料的相应标准,应采用不低于316的不锈制作。

⑧建筑幕墙用石材。

宜用花岗石、可选用大理石、石灰石、石英砂岩等。

石材面板的性能应满足建筑物所在地的地理、气候、环境及幕墙功能的要求。

石材的放射性应符合《建筑材料放射性核素限量》(GB/T 6566-2001)中A级、B级、C级的要求。

石材面板的厚度:天然花岗石弯曲强度标准值不小于8.0Mpa,吸水率小于等于0.6%,厚度不小于25mm;天然大理石弯曲强度标准值不小于7.0Mpa,吸水率小于等于0.5%,厚度不小于35mm;其他石材小于35mm。

当天然石材的弯曲强度标准值不小于等于8.0或大等于4.0时,单块面积不宜大于1.0 m²;其他石材单块面积不宜大于1.5m²。

在严寒和寒冷地区,幕墙用石材面板的抗冻系数不应小于0.8。

石材表面宜进行防护处理。对于处在大气污染严重或处在酸雨环境下的石材面板,应根据污染物的种类和污染程度及石材的矿物化学性质、物理性质选用适当的防护产品对石材进行保护。

⑨建筑幕墙用金属饰面板材料。

A.常用材料:单层铝板、蜂窝铝板、彩色钢板、搪瓷涂层钢板、不锈钢板、锌合金板、钛合金板、铜合金板等。

B.板材均应符合《建筑幕墙》(GB/T 21086—2007)中的相关要求。

C.板材常用厚度：

单层铝板 L2.5mm、3.0mm、4.0mm。

蜂窝铝板：10mm、15mm、20mm、25mm。

⑩人造板材幕墙用面板材料。

A.常用材料：瓷板、微晶玻璃、陶板等。

B.板材均应符合《建筑幕墙》(GB/T21086—2007)中的相关要求。

C.板材常用厚度：瓷板,不小于12mm;微晶玻璃,不小于20mm;陶板,不小于15mm。

D.选用陶板时应注意不同气候区对材料的吸水率、冻融循环等指标的要求符合相关标准规定。

11.采光顶用聚碳酸酯板(亦称阳光板、PC板)

A.板材种类：单层板、多层板、波浪板;有透明、着色。

B.板材常用厚度：

单层板：3～10mm;

双层板：4、6、8、10mm。

C.耐候性：不小于15年。

D.透光率：双层透明板不小于80%、三层板不小于72%。

E.耐温限度：—40～+120℃。

(3)主要物理性能指标。

①建筑幕墙。

幕墙物理性能是决定建筑功能的最重要因素之一,建筑幕墙必须具备对其建筑所处环境的每一个环境因素,如地震、风荷载、气候、热应力等相应的抵抗和适应能力。

确定一个特定建筑项目的物理性能,应根据建筑物所在地的地理、气候、建筑物高度、体型、环境客观条件进行设计和确定,同时还要注意幕墙的可开户和固定部分的区别和相应关系。

性能的判定和选定应通过检测。如基本检测包括风压性能、水密性能、气密性能三性指标;节能和环保检测包括：气密性能、热工性能(传热系数、遮阳系数)、光学性能、空气声隔声性能等。

A.抗风压性能。

幕墙的抗风压性能应按《建筑结构荷载规范》GB50009规定的方法计算确定,其指标值不应低于幕墙所受的风荷载标准值W_k,且不应小于1.0kPa;在抗风压性能指标值作用下,幕墙的支承体系和面板的相对挠度和绝对挠度应符合要求;抗风压性能分级指标共分为9级,应符合表7-15的规定。开放式建筑幕墙的抗风压性能应符合设计要求。

表 7-15　建筑幕墙抗风压性能分级表

分级代号	1	2	3	4	5	6	7	8	9
分级指标值 P₃(kPa)	1.0≤P₃<1.5	1.5≤P₃<2.0	2.0≤P₃<2.5	2.5≤P₃<3.0	3.0≤P₁<3.0	3.0≤P₃<3.5	3.5≤P₃<4.0	4.0≤P₃<5.0	P₃≥5.0

注:①本表摘自《建筑幕墙》(GB/T21086-2007);

②表中 P_3 不应小于 W_k;

③9 级时需同时标注 P_3 的测试值。如:属 9 级(5.5kPa);

④分级指标值 P_3 为正、负风压测试值绝对值的较小值。

B. 水密性能。

在多雨地区应该有较强的防水性能要求,一般情况下北方地区要求 2 级以上,南方多雨地区 3 级以上。水密性要求较高时可在建筑幕墙进行现场淋水试验,不应发生渗漏现象。幕墙水密性能分级指标值应符合表 7-16 的要求。开放式建筑幕墙的气密性不作要求。

表 7-16　建筑幕墙水密性能分级表

分级代号		1	2	2	4	5
分级指标值 ΔP(Pa)	固定部分	500≤ΔP<700	700≤ΔP<1000	1000≤ΔP<1000	1500≤ΔP<2000	ΔP≥2000
	可开启部分	250≤ΔP<350	350≤ΔP<500	500≤ΔP<700	700≤ΔP<1000	ΔP≥1000

注:①本表摘自《建筑幕墙》(GB/T21086-2007);

②5 级时需同时标注固定部分和开户部分 ΔP 的测试值。

C. 气密性能。

气密性对节能有至关重要的影响,气密性能指标应满足相关节能标准的要求。一般情况可按表 7-17 确定;开启部分气密性能分级指标 q_L 应符合表 7-18 的要求;幕墙整体(含开启部分)气密性能分级指标 q_A 应符合表 7-19 的要求。开放式建筑幕墙的气密性能不作要求。

表 7-17　建筑幕墙气密性能设计指标一般规定

地区分类	建筑层数、高度	气密性能分级	气密必能指标小于	
			开户部分 q_L [(m³/(m·h))]	幕墙整体 q_A [(m³/(m²·h))]
夏热冬暖地区	10 层以下	2	2.5	2.0
	10 层及以上	3	1.5	1.2
其他地区	7 层以下	2	2.5	2.0
	7 层及以上	3	1.5	1.2

注:本表摘自《建筑幕墙》(GB/T21086-2007)。

表 7-18　建筑幕墙、采光顶开启部分气密性能分级表

分级代号	1	2	3	4
分级指标值 q_L[m³/(m·h)]	4.0≥q_L>2.5	2.5≥q_L>1.5	1.5≥q_L>0.5	q_L≤0.5

注:本表摘自《建筑幕墙》(GB/T21086-2007)、《建筑玻璃采光顶》(JG/T231-2007)。

表 7-19　建筑幕墙、采光顶整体气密性能分级表

分级代号	1	2	3	4
分级指标值 q_A [m³/(m²·h)]	$4.0 \geqslant q_A > 2.0$	$2.0 \geqslant q_A > 1.2$	$1.2 \geqslant q_A > 0.5$	$q_A \leqslant 0.5$

注：本表摘自《建筑幕墙》(GB/T21086－2007)、《建筑玻璃采光顶》(JG/T231－2007)。

D. 热工性能。

建筑幕墙传热系数、遮阳系数应满足有关公共建筑和居住建筑节能标准的要求；幕墙传热系数分级指标 K 应符合表 7-20 的要求。玻璃幕墙的遮阳系数分级指标 SC 应符合表 7-21 的要求。

表 7-20　建筑幕墙传热系数分级表

分级代号	1	2	3	4	5	6	7	8
分级指标值 K	$K \geqslant 5.0$	$5.0 > K \geqslant 4.0$	$4.0 > K \geqslant 3.0$	$3.0 > K \geqslant 2.5$	$2.5 > K \geqslant 2.5$	$2.5 > K \geqslant 2.0$	$2.0 > K \geqslant 1.5$	$1.5 > K \geqslant 1.0$	$K < 1.0$

注：①本表摘自《建筑幕墙》(GB/T21086－2007)；
　　②8 级时需同时标注 K 的测试值。

表 7-21　玻璃幕墙遮阳系数分级表

分级代号	1	2	3	4	5	6	7	8
分级指标值 SC	$0.9 \geqslant SC > 0.8$	$0.8 \geqslant SC > 0.7$	$0.7 \geqslant SC > 0.6$	$0.6 \geqslant SC > 0.5$	$0.5 \geqslant SC > 0.4$	$0.4 \geqslant SC > 0.3$	$0.3 \geqslant SC > 0.2$	$SC \leqslant 0.2$

注：①本表摘自《建筑幕墙》(GB/T21086－2007)；
　　②8 级时需同时标注 SC 的测试值；
　　③玻璃幕墙遮阳系数＝幕墙玻璃遮阳系数×外遮阳的遮阳系数×(1－非透光部分面积/玻璃幕墙总面积)。

E. 空气声隔声性能。

空气声隔声性能以计权隔声量作为分级指标，应满足室内声环境的需要，符合《民用建筑隔声设计规范》GBJ118 的规定；空气声隔声性能分级指标 R_W 应符合表 7-22 的要求。开放式建筑幕墙的空气隔声性能应符合设计要求。

表 7-22　建筑幕墙空气声隔声性能分级表

分级代号	1	2	3	4	5
分级指标值 R_W (dB)	$25 \leqslant R_W < 30$	$30 \leqslant R_W < 35$	$35 \leqslant R_W < 40$	$40 \leqslant R_W < 45$	$R_W \geqslant 45$

注：①本表摘自《建筑幕墙》(GB/T21086－2007)；
　　②5 级时需同时标注 R_W 测试值。

F. 光学性能。

有采光功能要求的幕墙，其透光折减系数不应低于 0.45。有辨色要求的幕墙，其颜色透视指数不宜低于 Ra80。玻璃幕墙的光学性能应满足《玻璃幕墙光学性能》GB/T18091 的规定。建筑幕墙采光性能分级指标透光折减系数 T_T 应符合表 7-23 的要求。

表 7 - 23　建筑幕墙采光性能分级表

分级代号	1	2	3	4	5
分级指标值 T_T	$0.2 \leqslant T_T < 0.3$	$0.3 \leqslant T_T < 0.4$	$0.4 \leqslant T_T < 0.5$	$0.5 \leqslant T_T < 0.6$	$T_T \geqslant 0.6$

注:①本表摘自《建筑幕墙》(GB/T21086—2007);

②5 级时需同时标注 TT 的测试值。

G. 耐撞击性能。

耐撞击性能应满足设计要求;撞击能量 E 和撞击物体的降落高度 H 分级指标和表示方法应符合表 7 - 24 的要求。

表 7 - 24　建筑幕墙耐撞击性能分级表

分级指标		1	2	3	4
室内侧	撞击能量 E(N·m)	700	900	>900	—
	降落高度 H(mm)	1500	2000	>2000	—
室外侧	撞击能量 E(N·m)	300	500	800	>800
	降落高度 H(mm)	700	1100	1800	>1800

注:①本表摘自《建筑幕墙》(GB/T21086—2007)。

②性能标注时应按:室内侧定级值/室外侧定级值。例如:2/3 为室内 2 级,室外 3 级。

③当室内侧定级值为 3 级时标注撞击能量实际测试值,当室外侧定级值为 4 级时标注撞击能量实际测试值。例如:1200/1900 室内 1200N·m,室外 1900N·m。

②采光顶。

采光顶的性能等级应根据建筑物的类别、高度、体型、功能以及建筑物所在的地理、气候和环境条件进行设计。

A. 结构力学性能。

采光顶抗风压性能指标应按《建筑结构荷载规范》GB50009 的规定计算确定,不应低于采光顶所在地的风荷载标准值 W_k,且不应小于 1.5kPa;采光顶应具备适应主体结构变形的能力;在沿海地区或非封闭的采光顶,应进行抗风掀检测;试验样品下表面所受正风压不低于 2kPa,试验样品上表面所受负风压不低于 2kPa。

B. 水密性能。

采光顶水密性能指标值应符合表 7 - 25 的要求。有水密性要求的建筑采光顶在现场淋水试验中,不应发生渗漏现象;开启部分水密按与固定部份相同等级采用。

表 7 - 25　采光顶水密性能分级表

分级代号		3	4	5
分级指标值 $\Delta P(Pa)$	固定部分	$1000 \leqslant \Delta P < 1500$	$1500 \leqslant \Delta P < 2000$	$\Delta P \geqslant 2000$
	可开启部分	$500 \leqslant \Delta P < 700$	$700 \leqslant \Delta P < 1000$	$\Delta P \geqslant 1000$

注:本表摘自《建筑玻璃采光顶》(JG/T231—2007)。

C. 气密性能。

采光顶的气密性能气密性能指标应符合建筑热工及建筑节能的有关规定,并满足相关节能标准的要求。开启部分气密性能分级指标 q_L 应符合本章表 7 - 18 的要求;整体(含开启部分)气密性能分级指标 q_A 应符合本章表 7-19 的要求。

D. 热工性能。

采光顶传热系数应按《民用建筑工设度规范》GB50176 的规定确定,并满足建筑节能的相关要求;玻璃(或其他透明材料)采米顶遮阳系数应满足《公共建筑节能设计标准》GB20189 的要求。采光顶传热系数分级指标 K 应符合表 7-26 的要求。玻璃采光顶的遮阳系数分级指标 SC 应符合表 7-27 的要求。

表 7-26　采光顶传热系数分级表

分级代号	1	2	3	4	6
分级指标值 $K[W/(m^2 \cdot k)]$	K>4.0	4.0≥K>3.0	3.0≥K>2.0	2.0≥K>1.5	K≤1.5

注:①本表摘自《建筑玻璃采光顶》(JG/T213—2007);
②需同时标注 K 的实测值。

表 7-27　采光顶遮阳系数分级表

分级代号	1	2	3	4	6	
分级指标值 SC	0.9≥SC>0.7	0.7≥SC>0.6	0.6≥SC>0.5	0.5≥SC>0.4	0.4≥SC>0.3	0.3≥SC>0.2

注:本表摘自《建筑玻璃采光顶》(JG/T231—2007)。

E. 空气声隔声性能。

采光顶的空气声隔声性能以计权隔声量作为分级指标,应满足室内声环境的需要,符合《民用建筑隔设计规定》GBJ118 的规定。空气声隔声性能分级指标 R_w 应符合表 7-28 的要求。

表 7-28　采光顶空气声隔声性能分级表

分级代号	2	3	4
分级指标 R_w/dB	30≤R_w<35	35≤R_w<40	R_w≥40

注:①本表摘自《建筑玻璃采光顶》(JG/T231—2007);
②4 级时须同时标注 R_w 的实测值。

F. 采光性能。

采光顶的透光折减系数 T_r 作为分级指标,采光顶的室内采光均匀度不应小于 0.7;透光面板宜采取适当措施,以减少眩光对室内光环境造成的影响。光学必能应符合《建筑采光设计标准》GB/T50033 的要求,见表 7-29。

表 7-29　采光顶采光性能分级表

分级代号	2	3	4	5	
分级指标值 T_r	0.2≤T_r<0.3	0.3≤T_r<0.4	0.4≤T_r<0.5	0.5≤T_r<0.6	T_r≥0.6

注:①本表摘自《建筑玻璃采光顶》(JG/T231—2007);
②5 级时需同时标注 T_r 的测试值。T_r——透射漫射光照度与漫射光照度之比。

7.5 绘制楼梯和楼板

具体操作流程如下：

切换至三维视图，选中楼板，如图 7-4 所示的蓝色部分。当不能直接选中所需楼板时，可点击 TAB 切换键，鼠标选中一块平面。利用 TAB 键切换至所需要的整个楼板部分。选中后为电梯井道、楼梯洞口开洞。

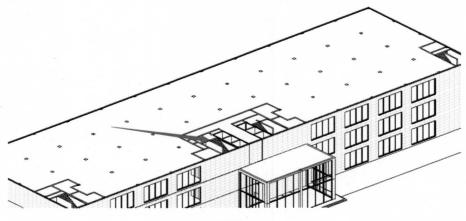

图 7-4

选中后切换至 F1 层平面视图继续绘制。点击修改楼板，选择"编辑边界工具"选项中的"直线"（见图 7-5），利用"直线"工具沿着楼梯根据辅助线绘制。可以利用修剪工具调整不合理位置。调整后如图 7-5 所示紫色线部分。

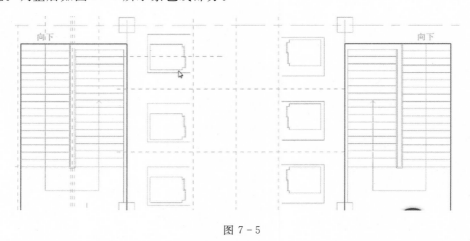

图 7-5

电梯口部分与楼梯口部分绘制与修减流程相同，也可以用选中草图线镜像拾取轴的方式绘制（见图 7-6）。

绘制完成后点击"√"完成编辑模式,见图7-7。

切换回三维视图模式查看是否与其他物体冲突。

图7-6

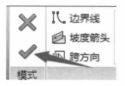

图7-7

7.6 添加楼梯内部隔墙

(1)切换回 F1 楼层平面视图。点击"建筑"选项卡中的"墙",选择"基本墙综合楼 200mm 内部隔墙",如图7-8所示。

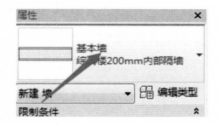

图7-8

(2)选中已选择的墙体沿着楼梯口绘制,用镜像拾取轴绘制对称的楼梯墙体。如图7-9所示。

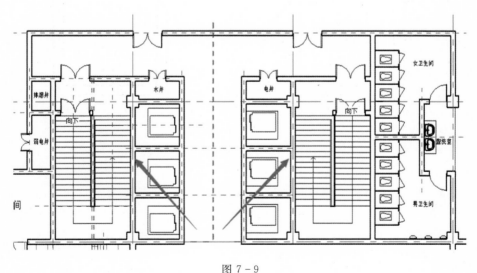

图7-9

所有的墙体填充部分可以通过鼠标右键调整填充样式。若有墙体重合或缺少时,Revit

系统会自动生成警告,通过三维模式可以直观地看出缺损或重合。缺损时直接通过鼠标拖拽填补。

电梯洞口的墙体绘制与楼梯口一致,完成后的对比图如图 7 - 10 所示。

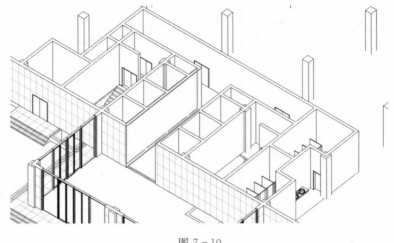

图 7 - 10

(3)添加水电井的位置。用墙体绘制将水电井隔出。如图 7 - 11 所示。

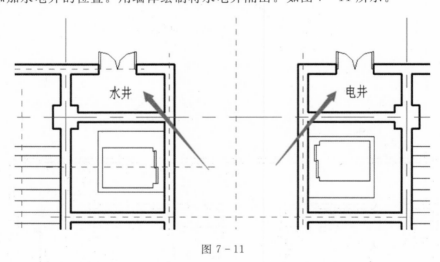

图 7 - 11

(4)楼梯间添加甲级防火门。选中门拖入目标楼梯间,距离外墙为 300,也可通过镜像工具添加对称一方的门。见图 7 - 12。

(5)为楼梯间添加排烟井。发生火灾时排烟井可以起到排烟的作用。商场的排烟一般采用机械排烟。根据规范绘制合理的大小。继续绘制逃生通道的排烟井 $1.2m^2$。确定排烟井的位置后,点击参照平面,距离墙体中心点设置为 1200mm,另一个值为 1800mm,继续绘制墙体。

(6)根据规范,建筑一层需要一间消防控制室。注意消防控制室需要独立的出口。消防控制室的绘制与排烟井方法相同。通过"参照平面"工具绘制,将参照平面居中,继续完成墙体部分与门(甲级防火门)的绘制。见图 7 - 13。

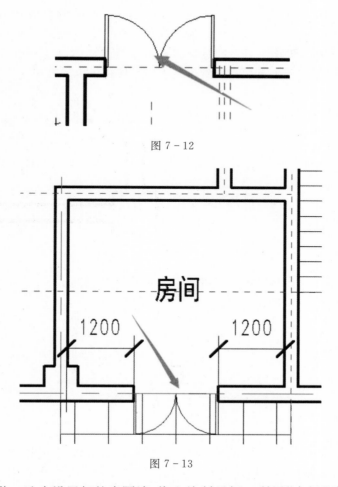

图 7 - 12

图 7 - 13

（7）绘制弱电井。选中设置好的内隔墙，拖入绘制目标。利用"房间"功能命名所需名称。房间标签修改请参考第5章内容。如图7-14所示。

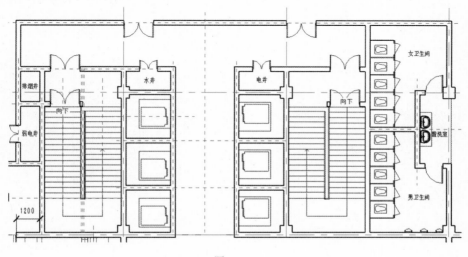

图 7 - 14

（8）绘制水井、电井检查洞口的门。选中所需门（双开门）编辑类型。复制并命名如图 7－15 所示。更改粗略宽度为"900mm"，类型标记为"甲 FM0921"，确定后拖入目标水电井，放置于中心。同样的方式拖入弱电井处。注意排烟井不需要门，只需百叶窗式的通风口即可。排烟井的通风口主要用于当发生火灾时可以将逃生用的楼梯口内的有毒气体释放排出。

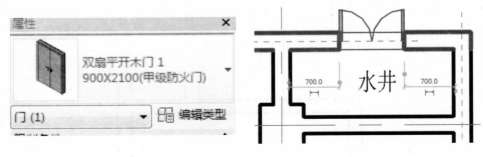

图 7－15

需在楼梯间通往一层出口处添加甲级防火门。见图 7－16。

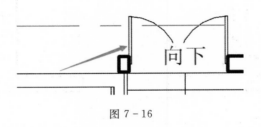

图 7－16

（9）绘制防烟楼梯间。本建筑综合体为 1 类建筑，耐火等级为 1 级。根据《建筑设计防火规范》楼梯间需为防烟楼梯间。根据规范及实际情况确定扩大前室的位置及大小。前室需要考虑到出入口的位置。如图 7－17 所示。

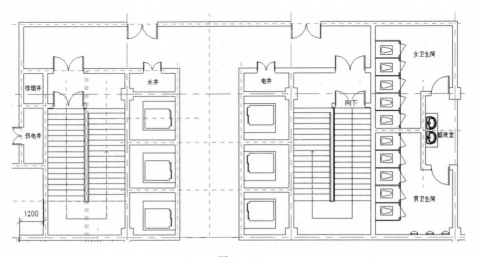

图 7－17

在商业综合体中每个防火分区必须设置两部疏散楼梯。因此还需添加两部疏散楼梯。

◆ 7.7 绘制疏散楼梯(逃生通道)

新增加的两部疏散楼梯不需要连接地下室,地下室负一层中有车道和其他两部疏散楼梯可以直通室外。出现火灾时人员可以通过楼梯和车道直接通往室外。

点击"注释"选项卡选择对齐。测量出 1 轴与 2 轴为 8200mm。图中已有辅助线。将辅助线拖移至中点处,删掉临时标注,输入值 2050mm。绘制楼梯井值为 75mm。此时将休息平台设置为 2100mm。继续用"参考平面"找出梯段的中点位置。将做好的辅助线镜像至对称的另一边,如图 7-18 所示。接着继续绘制楼梯,点击"建筑"选项卡中的"楼梯(按草图)"(见图 7-19),在属性面板中设置楼梯属性。选用整体浇筑楼梯,宽度为 1975mm。所需踏步数系统自动生成为 25 阶,设置踏步数为 30 阶,踏浅深度为 300mm。注意设置参数时,底部偏移为 0,顶部偏移为 0,将设置好的楼梯绘制到所需位置。先绘制的梯段为"上"。拖拽楼梯时底部会显示出剩余的踢面处数量。如图 7-20(1)所示灰色小字部分。找到最近点放置楼梯(15 阶)找到交点处绘制,如图 7-20(2)所示。

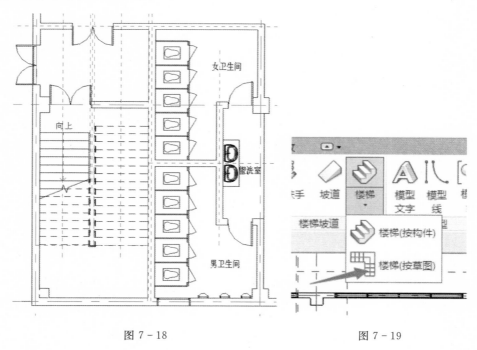

图 7-18   图 7-19

图 7-20(2)中发现梯段及休息平台均伸入墙体中。将边界线拖拽至合适位置。梯段线修改时可以使用"修剪""延伸"工具进行修改。点击选中延伸的参考平面,系统会自动修剪多余部分。见图 7-21。修改后点击完成编辑模式,见图 7-22。

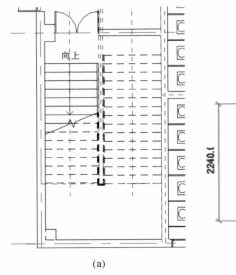

(a)

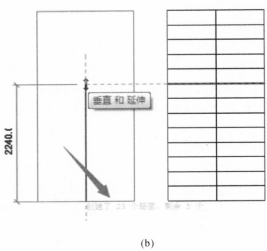

(b)

图 7 - 20

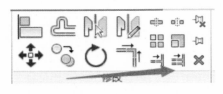

图 7 - 21

图 7 - 22

切换至三维视图模式,发现靠墙部分的扶手不需要,可选中后删掉,如图 7 - 23 所示即可。

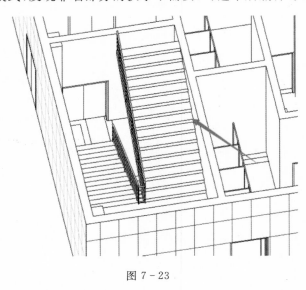

图 7 - 23

规范中规定防烟楼梯间在一层时,必须有独立的逃生通道。通道中门的位置可以在三维视图中确定。

◆ 7.8 绘制地下坡道的楼板

点击"建筑"选项卡,选择"楼板",点击"按直线绘制",绘制为完全闭合的四方体。
楼板输入值为3900,点击"完成编辑模式"后可以在三维模式下查看,见图7-24。

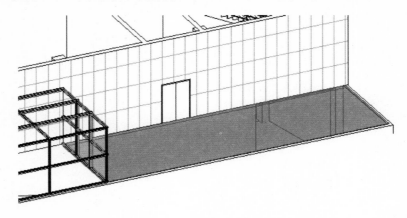

图 7-24

这时,可以通过点击"视图"选项中的"关闭隐藏对象"可以提高计算机系统的速度。见图7-25。

图 7-25

接着上面的操作继续绘制楼梯间,将辅助线往右偏移120,用"参照平面"确定出楼梯间前室的位置。继续用"墙建筑"绘制前室的墙体。门的开启方向一定与人流方向一致如图7-26所示。

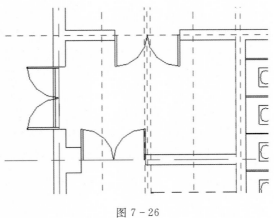

图 7-26

左侧楼梯间绘制完毕后,接着绘制右边。即选中左侧楼梯间,点击"过滤器"。如图 7 - 27 所选后确定。将选中的楼梯通过"镜像"功能放置在对称的位置。汽车坡道的顶板同样用镜像功能放置在对称的位置。见图 7 - 28。

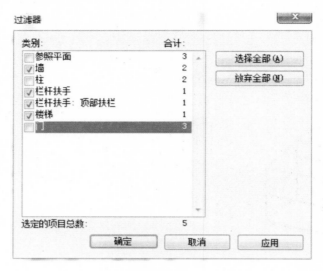

图 7 - 27

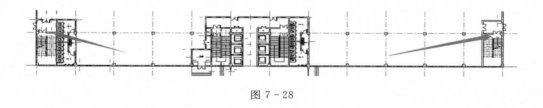

图 7 - 28

◆ 7.9　绘制室外台阶与办公前厅

7.9.1　办公前厅的绘制

　　将原有辅助线加长,点击"参照平面",绘制辅助线,保证距离为"8000mm"时将柱子一并进行复制。选择绘制"建筑柱(600×600)",接着选用"墙"建筑绘制墙体部分,选择"建筑外墙"。如图 7 - 29 所示为地上一层外围护墙体,绘制时注意鼠标需要顺时针旋转绘制。绘制完成后切换至三维模式查看。

7.9.2　添加前厅的楼板

　　点击"建筑"选项卡中的"楼板",绘制方法上一节已讲到。选择综合楼一层楼板,点击直线根据辅助线的交点进行绘制。绘制完成后点击完成编辑模式,切换至三维视图查看,见图7 - 30。

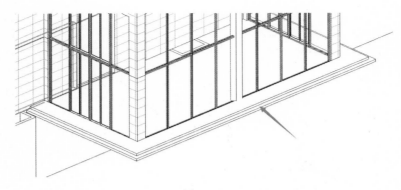

图 7 - 29

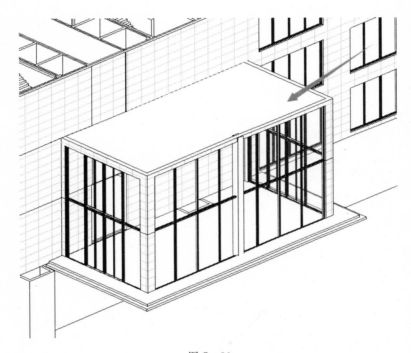

图 7 - 30

7.9.3 删除墙体的封锁

选中不需要的墙体部分,点击"拆分图元",见图 7 - 31(1),将拆分工具拉到所需拆除墙体部分后,系统会自动将墙体一分为二。拆分以后将墙体移动到合适位置,切换至三维视图进行查看,如图 7 - 31(2)所示。

7.9.4 室外台阶的绘制

点击"新建"选项中的"族",选择"公制轮廓",点击"打开",开始绘制台阶的断面,如图 7 - 32 所示。

此时室外高差为450,绘制三步台阶后点击"载入到项目中"。

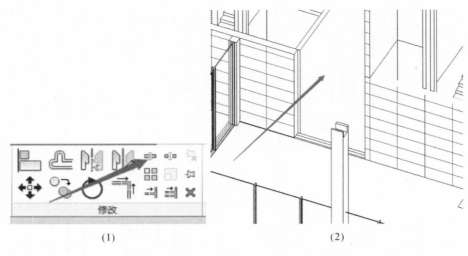

(1)　　　　　　　　　　　　　(2)

图 7 - 31

图 7 - 32

点击"建筑"选项卡中的楼板,选择"楼板边",点击"编辑类型",选择"复制",重命名为"室外台阶1",轮廓改为上一步绘制的族1,材质为石灰华,如图 7 - 33 所示。

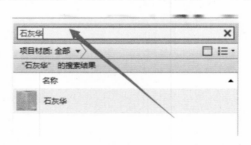

图 7 - 33

将三维视图放大后鼠标自动捕捉到楼板的上边缘。点击"楼板上边缘"选项台阶自动生成,如图 7 - 34 所示。其余两个面可使用同样方式生成台阶。

绘制消防控制室处的室外台阶,需首先选中所有楼板,点击"隔离图元",此时楼板已被单独隔离出来,点击"楼板边"工具,点击"楼板上边缘",台阶自动生成。如图 7 - 35 所示。

重设临时隔离隐藏,画面回到之前视图。查看视图后发现消防控制室所需室外台阶只需一部分。修改时选中台阶,拖拽端点挪动所需要的位置。如图 7 - 36 所示。

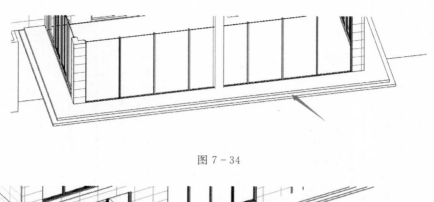

图 7 - 34

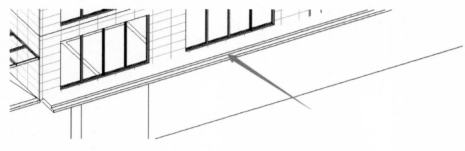

图 7 - 35

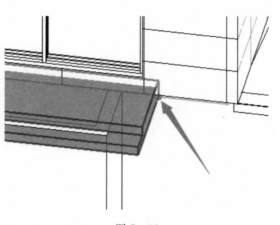

图 7 - 36

7.9.5 制作前厅的玻璃幕墙

点击"建筑"选项卡中的"墙",选择"幕墙",点击"编辑类型",勾选"自动嵌入"后点击"确认"。幕墙的大小用参考平面进行确定。其数值输入为距离所靠柱子外皮 600mm,即开始绘制,其绘制方法与墙体相同。绘制完成后,切换至三维模式进行查看。如图 7 - 37 所示。

用同样的方法绘制其余墙面,可选用镜像功能设置与其对称的另一边幕墙。

操作完成后继续进行修改,点击"幕墙网格"工具后,点击所需要添加幕墙竖挺的幕墙,系统自动捕捉幕墙嵌板的中点,以便定位幕墙的竖挺与横挺。见图 7 - 38。

点击"建筑"选项卡中的"竖挺",选择需要的类型(矩形竖挺 50×150)。将所选竖挺附在网格线上即可。如图 7 - 39 所示。

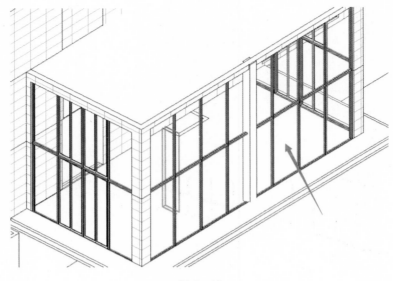

图 7 - 37

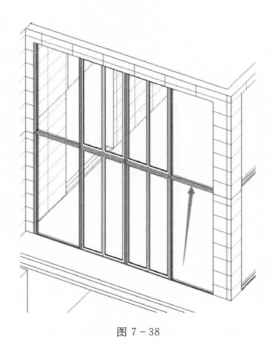

图 7 - 38

7.9.6 继续修改幕墙

点击"插入",选择"载入族",选择"建筑"选项中的"幕墙",点击"门窗嵌板",选择"门嵌板70 - 90"(如图 7 - 40 所示)。点击"打开",将鼠标选中幕墙,用上节讲到的隔离图元进行幕墙隔离。用载入的门嵌板替换原有玻璃嵌板。如图图 7 - 40 所示。

点击"临时隔离隐藏",重设"隔离隐藏",完成后切换至三维视图进行查看。其余部分通过相同的方法修改。对称关系可以用镜像功能修改。最终完成图为如图 7 - 41 所示。

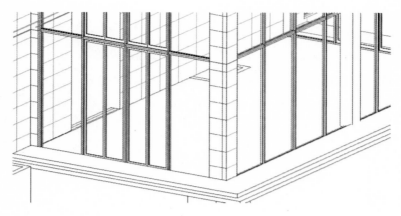

图 7 – 39

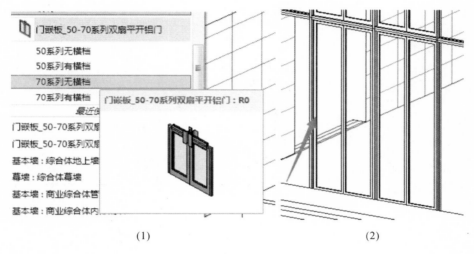

(1)   (2)

图 7 – 40

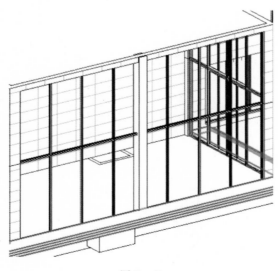

图 7 – 41

◆ 7.10　绘制商业建筑卫生间

根据教材所附规范表明,卫生间的坑位与商场建筑面积相关,具体参照本章教材所附规范。

绘制墙时点击"墙"选项中的"建筑墙"绘制隔墙,布局以本项目卫生间为例,具体操作步骤如下。

7.10.1　插入卫生间隔断

根据规范内容厕所隔断应为 900mm×1200mm(外开门)或 900×1400(内开门)。

设置操作步骤如下:点击"插入",选择"载入族",点击"建筑",选择"卫生器具",点击"3D",选择"常规卫浴",点击"厕所隔断";点击"建筑"选择"构件",点击"放置构件"将隔断放好,点击"复制",复制时记得选择"多个"(见图 7 - 42);复制好隔断后用"MV"将隔断相连;另一边卫生间用镜像工具完成。

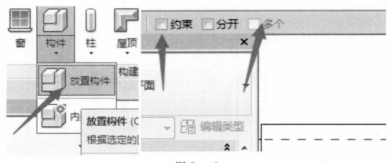

图 7 - 42

7.10.2　插入卫生间门

点击"建筑"选项中的"门",选择"900×2100 普通门"。

点击"建筑"选项卡下的"门"工具,使用以前设置好的类型标记"M0921 门"。将其插入目标位置,绘制完成以后用"镜像"工具绘制出另一边卫生间的门。见图 7 - 43。

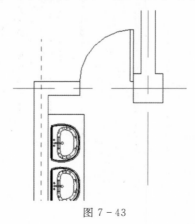

图 7 - 43

7.10.3　面盆的插入

点击"插入",选择"载入族",点击"建筑",选择"卫生器具",点击"3D",选择"常规卫浴",点击"面盆多个"(见图7-44),点击"确定",将其载入项目当中。

图 7-44

点击"构件",选择"放置构件",把面盆放置在合适位置。如图7-45所示。

注意:用空格键可以切换构件朝向。

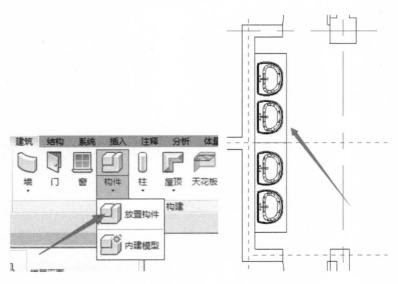

图 7-45

7.10.4　卫生间蹲位与小便斗的插入

点击"插入",选择"载入族",点击"建筑",选择"卫生器具",点击"3D",选择"常规卫浴",点击"蹲式""小便斗",如图7-46所示。由于系统默认的是镶嵌进入墙体或者楼板,所以需要切换到三维视图模式插入"蹲式便器 3D"构件。在三维视图中,选中绘制好的隔断,点击"视图编辑器",选择"隔离图元",点击"构件",选择"放置构件",将其载入到项目当中。见图 7-47。

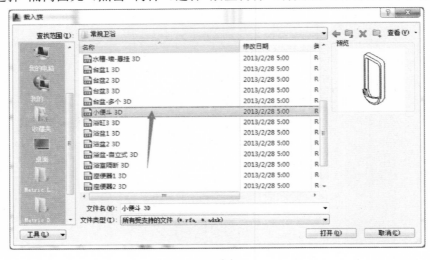

图 7-46

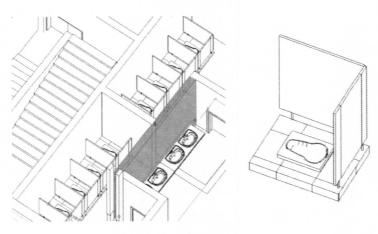

图 7-47

回到 F1 平面视图中查看,然后复制其余隔断当中;全选绘制好的"蹲位",选择"镜像拾取轴"工具,将其复制到另一边卫生间(见图 7-48);男卫生间根据合适的位置放入"小便斗",其方法与以上构件载入方法相同,见图 7-49。

7.10.5　房间命名

点击"房间",选择"房间-仿宋-无面积",将房间命名为"女卫生间""男卫生间",以"女卫生间"为例,见图 7-50。在此,我们的卫生间洁具部分绘制完成。

7.10.6　卫生间的窗户

点击"窗"找到合适的窗类型,例如 1200mm×1500mm,用以前所讲的方法将其插入合适的位置。见图 7-51。

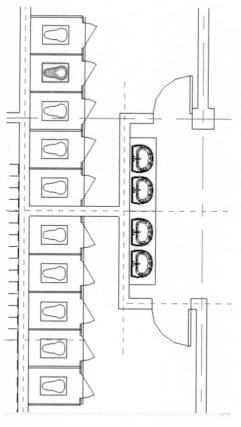

图 7 - 48

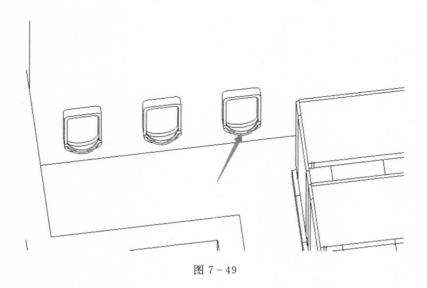

图 7 - 49

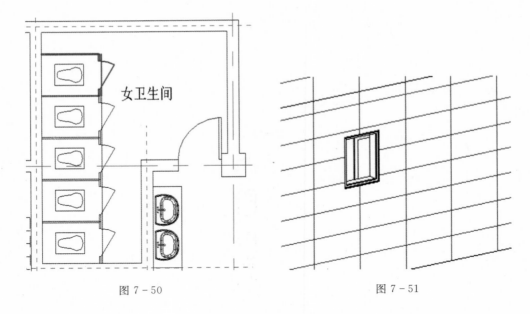

图 7 - 50   图 7 - 51

 规范梳理

在建筑设计中对于卫生间的规定

一、公共卫生间设计要求

1.给排水要求。

(1)给水:蹲便器给水管内径 25mm;地面排水:盥洗室、大小便间地面设地漏或排水沟槽。设地漏的,各区域各设一个,设排水沟槽的,槽栅宜采用不锈钢等防腐耐用材料。

(2)排水管径 100mm 以上,带水封;

(3)采用暗藏式水箱。

2.内部尺寸要求。

(1)小便位:间距 900mm 以上。

(2)大便位:不低于 1400mm×1000mm,且洁具前端距隔断不小于 450mm。

(3)隔板:防酸、碱、刻、画、烫的环保耐用材料,大便位隔板尺寸高度不低于 1800mm,小便位:①洁具采用挂式,隔板尺寸不低于 800mm×450mm,小便斗下口上沿为 450～500mm;②洁具采用落地式,隔板尺寸不低于 1200mm×450mm。

(4)门:①入户门需加装闭门器,保证门自动关闭;②隔断门宜用防酸、碱、刻、画、烫的环保耐用材料,尺寸不低于 1800mm×600mm;门锁美观实用,可显示有、无人如厕并可由管理人员从外部开启;门合页宜选用升降合页以保证门自动关闭。

(5)冲水方式:采用手动式(安装高度 900～1000mm)或红外感应自动冲水。

3.辅助设施要求:每个厕位设置一个固定式手纸架,手纸架应美观耐用、方便使用;废弃手纸放置,每个厕位设置一个套袋手纸筐;挂衣钩,每个厕位设置一个优质美观的挂衣钩,安装高度宜在 1680mm。

4.无障碍通道卫生间出入口有轮椅进出坡道,按照轮椅宽800mm,长1200mm设计进出通道宽度、坡度和转弯半径。无障碍设计应符合现行行业标准《城市道路和建筑物无障碍设计规范》(JGJ 50—2001)的规定,并按国家有关规定设置盲人设施及标示。

5.特殊功能间设置独立的特殊功能间,男女通用,供老年人、孕妇、残疾人及其他行动不便的人士使用。特殊功能间地面和空间均需无障碍,位置应设置在便于人员出入处。厕位内应有至少1500mm×1500mm面积的回转空间,内设带标准扶手架的优质节水座便器、用于放置婴儿的设施、带扶手架洗手台盆,并配备呼叫设备,安装位置合理,连线不暴露。设计尺寸参照《城市道路和建筑物无障碍设计规范》(JGJ 50—2001)的规定执行。

6.部分民用建筑厕所设备数量参考指标如表7-30所示。

表7-30 部分民用建筑厕所设备数量参考指标

建筑 类型	男小便器 (人/个)	男大便器 (人/个)	女大便器 (人/个)	洗手盆 或龙头 (人/个)	男女 比例	备注
旅馆	20	20	12			男女比例按设计要求
宿舍	20	20	15	15		男女比例按实际使用情况
中小学	40	40	25	100	1:1	小学数量应稍多
火车站	80	80	50	150	2:1	
办公楼	50	50	30	50~80	3:1~5:1	
影剧院	35	75	50	140	2:1~3:1	
门诊部	50	100	50	150	1:1	总人数按全日门诊人次计算
幼托		5~10	5~10	2~5	1:1	

注:一个小便器折合0.6m长小便槽

二、住宅卫生间设计的一般要求

每套住宅应设卫生间,第四类住宅宜设二个或二个以上卫生间。每套住宅至少应配置三件卫生洁具,不同洁具组合的卫生间使用面积不应小于下列规定:

(1)设便器、洗浴器(浴缸或喷淋)、洗面器三件卫生洁具的为3m²;

(2)设便器、洗浴器二件卫生洁具的为2.50m²;

(3)设便器、洗面器二件卫生洁具的为2m²;

(4)单设便器的为1.10m²;

无前室的卫生间的门不应直接开向起居室(厅)或厨房。

卫生间不应直接布置在下层住户的卧室、起居室(厅)和厨房的上层。可布置在本套内的卧室、起居室(厅)和厨房的上层;并均应有防水、隔声和便于检修的措施。

套内应设置洗衣机的位置。

三、宿舍卫生间设计

1.厕所集中设置时,应设前室或经盥洗室穿入,厕所门不宜与居室门相对。厕所、盥洗室与最远居室的距离不宜大于20m。

2.厕所、盥洗室卫生设备的数量应根据每层居住人数确定。

3.居室内附设的卫生间,其面积不应小于2m²,使用人数在4人及4人以上时,厕所与盥洗应分隔设置。

注意:①盥洗室不宜男女合用。②盥洗室设置洗衣机专用位置时,应设相应的给、排水设施和单相三孔插座。

4.无直接自然通风的卫生间和严寒地区的厕所,必须设置自然通风道。

5.炎热地区应在宿舍内设淋浴设施,每个浴位服务人数不应超过 20 人;其他地区可根据条件设分散或集中的淋浴设施,每个浴位服务人数不宜超过 30 人。

◆ 7.11 绘制外墙门窗和幕墙

(1)切换至 F1 楼层平面视图,用参照平面功能确定所需幕墙位置。如图值为 600,确定辅助线的位置后点击"墙"建筑工具下的幕墙,如图 7-52 所示。

(2)注意顶部偏移值需要修改为-1200,底部偏移为300。选中墙,用鼠标将其拖入需要的位置开始绘制。

如图 7-53 所示,选中"幕墙",点击"编辑类型",勾选"自动嵌入",切换至三维视图查看,选中该幕墙,制作幕墙的横挺和竖挺。

选择"隔离图元",见图 7-54,隔离出幕墙,点击"幕墙网格"开始分割,分割为四块之后添加横挺、竖挺,见图 7-55。

重设临时隐藏后视图回到三维视图查看,见图 7-56。接着依次用镜像拾取轴功能制作其余玻璃幕墙。完成后切换至三维模式进行查看。见图 7-57。

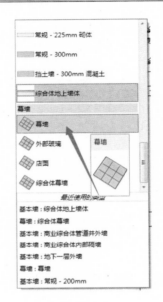

图 7-52

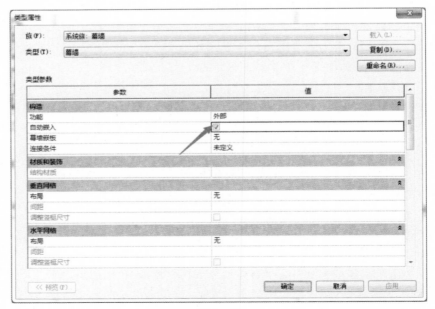

图 7-53

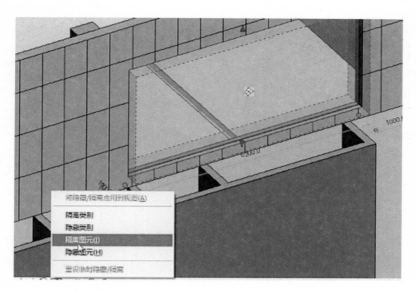

图 7 - 54

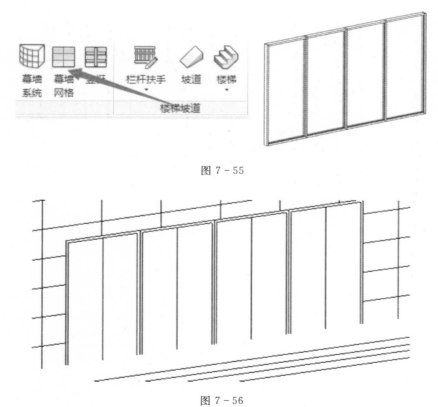

图 7 - 55

图 7 - 56

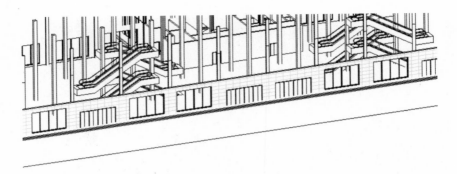

图 7 - 57

◆ 7.12　绘制一层出入口

（1）切换至 F1 楼层平面视图,确定出入口幕墙位置在 6 轴与 7 轴处。修改此幕墙的底部偏移值为 0,此时切换至三维视图查看。见图 7 - 58。绘制自动嵌入式幕墙时,一定注意标高限制条件以及底部偏移与顶部偏移。

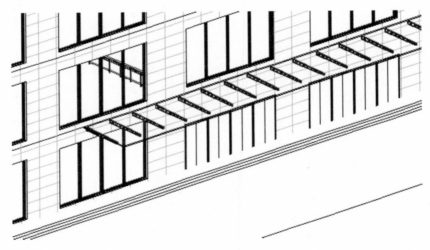

图 7 - 58

此时插入门,其操作为:点击"插入",选择"载入族",点击"建筑",选择"幕墙",点击"幕墙嵌板",选择需要开户门的幕墙嵌板,在属性面板中,选中刚载入的幕墙嵌板,将其删掉。如图 7 - 59 所示。

切换回 F1 楼层平面视图。用镜像拾取轴功能绘制对称的玻璃幕墙。如图 7 - 60 所示。

切换回三维模式进行查看,见图 7 - 61。

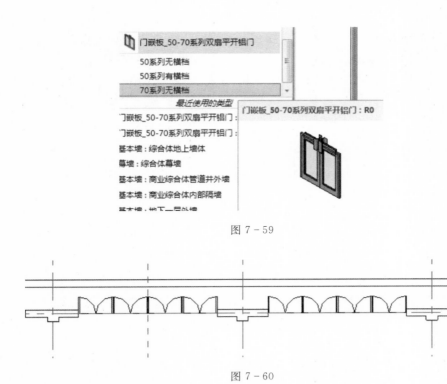

图 7 - 59

图 7 - 60

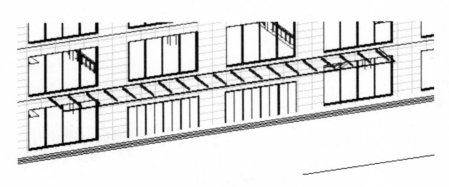

图 7 - 61

（2）玻璃门处的台阶绘制。切换至三维视图模式，选择需要绘制的楼板。选中后用隔离图元功能单独隔离出楼板，点击"建筑"选项卡，"楼板"，选择"楼板边"。选中上一节中已经绘制好的台阶轮廓样式。

选择隔离出的楼板，点击楼板所需添加台阶面的上边沿。系统自动绘制所选台阶，如图7-62所示。

点击重设隔离隐藏，视图回到原先三维视图进行查看后发现台阶长度过长，需要修改。选中台阶，用鼠标进行拖拽至合适位置即可。

根据建筑设计规范，两个疏散出入口的最小间距不能小于5m。继续绘制其余出入口，确定位置在3轴与4轴处，10轴与11轴处绘制门，删掉幕墙后，选中已做好的门。使用复制工具到所选区域。如图7-63所示。

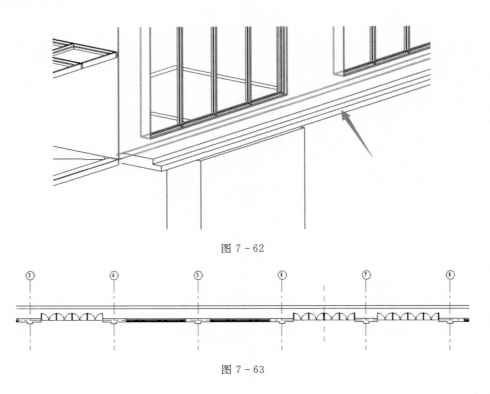

图 7 - 62

图 7 - 63

◆ 7.13 绘制车道顶板雨篷

(1)点击体量和场地,选择"内建体量",设置名称为"汽车坡道雨篷",切换至 F1 平面视图模式。创建矩形进行绘制。点击创建实心形状。切换至三维视图模式查看,修改高度值为3000,点击完成体量。如图 7 - 64 所示。

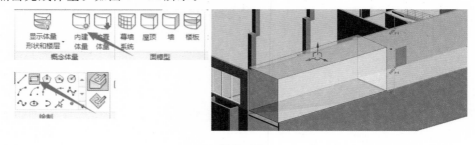

图 7 - 64

(2)点击"体量与场地",选择幕墙系统,点击"选择多个",选择需要生成的面,用 Ctrl 键增选。用 shift 键减选。选择完成后点击创建系统,系统自动生成玻璃幕墙后可删除体量。体量与族的创建将会在以后课程中详细讲解。

(3)自动生成的幕墙网格不符合需要时,需要手动添加所需的幕墙网格。具体操作为:点击"建筑"选项卡,选择"幕墙网格",将其添加至中点处。如图 7 - 65 所示。

(4)添加横挺、竖挺的操作为:点击"建筑"选项卡,选择"竖挺",沿着幕墙网格依次绘制横挺、竖挺,如图 7 - 66 所示。

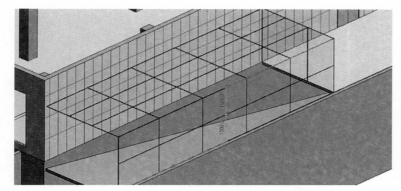

图 7 - 65

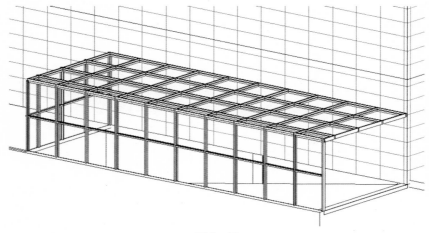

图 7 - 66

（5）用镜像拾取轴功能绘制对称另一边的车道雨篷。

（6）绘制地坪上地形图，切换至场地立面南，查看地坪与负一层距离为 450。回到地坪视图，通过点击"视图"，选择"关闭隐藏对象"，以提高电脑运行速度。

（7）点击"体量和场地"，选择"地形表面"，绘制需要的地形表面后选择"材质类别（草地）"，见图 7 - 67。勾选"使用渲染外观"，点击"确定"后切换至三维视图进行查看（见图 7 - 67）。查看后发现草地所覆盖位置与需要位置不符。

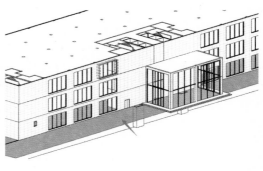

图 7 - 67

此时切换至南立面视图,修改标高后将草坪放置在地坪上。如图 7-68 所示。

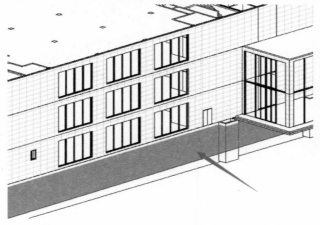

图 7-68

(8)切换至场地视图,点击"体量和场地",选择"建筑地坪",选择"直线"工具后沿着建筑边线开始绘制。绘制时将洞口预留出来。点击"完成",切换至三维视图模式查看。

(9)切换至南立面模式,修改移动地坪至负一层层楼板的板底处。见图 7-69。

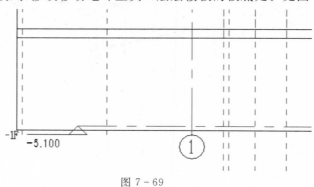

图 7-69

(10)切换至三维模式中的,利用视图属性中的"剖面框"工具查看。如图 7-70 所示。

图 7-70

◆ **7.14 绘制建筑背面的幕墙**

(1)点击"建筑"选项卡,选择"参照平面",其值为600。点击"墙"建筑,选择"幕墙",拖入目标墙体进行绘制。见图7-71。

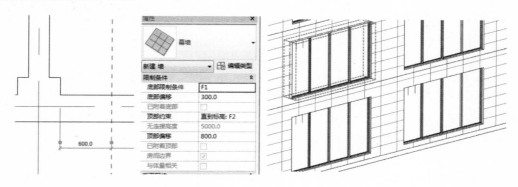

图7-71

(2)用隔离图元工具进行隔离编辑。

(3)点击"建筑"选项卡,选择"幕墙网格",定位幕墙竖挺的位置。网格确定后点击"竖挺"。添加完成后点击"重设临时隔离隐藏"。用同样方法绘制其余窗户。

 规范梳理

门窗分类与设计要求

1.门具有内外交通、隔离房间之用,窗具有采光和通风,分隔和围护的作用。其设计要求为:保温、隔热、隔声、防风砂等。

2.窗的分类,见表7-31。

表7-31 窗的分类

分类	类型
按开启方式分	固定窗、平开窗、悬窗、立转窗、推拉窗等
按框料分	木窗、彩板钢窗、铝合金窗和塑料窗,塑钢窗和铝塑窗等复合材料窗
按层数分	单层窗和多层窗
按镶嵌材料分	玻璃窗、百叶窗和纱窗等

3.窗的组成和尺度。

(1)组成:主要由窗框、窗扇、五金零件和附件等四部分组成。

(2)尺度:既要满足采光、通风与日照的需要,又要符合建筑立面设计及建筑模数协调的要求。我国大部分地区标准窗的尺寸均采用3m的扩大模数。

4.门的分类,见表7-32。

表 7-32　门的分类

分类	类型
按开启方式分	平开门、弹簧门、推拉门、折叠门、转门、上翻门、升降门、卷帘门等
按门所用材料分	木门、钢门、铝合金门、塑料门及塑钢门、全玻璃门等
按门的功能分	普通门、保温门、隔声门、防火门、防盗门、人防门以及其他特殊要求的门等

5.门的组成和尺度。

(1)组成:主要由门框、门扇、亮子和五金零件组成。

(2)洞口尺寸:可根据交通、运输以及疏散要求来确定。一般情况下,门的宽度为:800～1000mm(单扇),1200～1800mm(双扇)。门的高度一般不宜小于2100mm,有需要时可适当增高300～600mm。对于大型公共建筑,门的尺度可根据需要另行确定。

6.各类门窗的设计要求,见表 7-33。

表 7-33　各类门窗的设计要求

名称	设计要求
平开木窗	由边框、上、下框(中竖框、中横框)组成,在构造上应有裁口及背槽处理,裁口亦有单裁口和双裁口之分
铝合金门窗	铝合金窗是以窗框的厚度尺寸来区分各种铝合金门窗的称谓;门的开启方式可以推拉,也可采用平开
塑钢门窗	常用的塑钢窗有固定窗、平开窗、水平悬窗与立式悬窗及推拉窗等
彩板钢门窗	彩板钢门窗是以彩色镀锌钢板,经机械加工而成的门窗,彩板门窗通常在出厂前就已将玻璃装好,在施工现场进行成品安装;彩板门窗有带副框和不带副框的两种;安装时,先用自攻螺钉将连接件固定在副框上,并用密封胶将洞口与副框及副框与窗樘之间的缝隙进行密封;当外墙装修为普通粉刷时,常用不带副框的做法,即直接用膨胀螺钉将门窗樘子固定在墙上
保温门窗	对寒冷地区及冷库建筑,为了减少热损失,应做保温门窗;保温门窗设计的要点在于提高门窗的热阻,减少冷空气渗透量;保温门采用拼板门,双层门心板,门心板间填以保温材料
隔声门窗	对录音室、电话会议室、播音室等应采用隔声门窗;为了提高门窗隔声能力,除铲口及缝隙需特别处理外,可适当增加隔声的构造层次;避免刚性连接,以防止连接处固体传声;当采用双层玻璃时,应选用不同厚度的玻璃
防火门窗	防火门可分为甲、乙、丙三级,其耐火极限分别为1.2h、0.9h、0.6h;防火门不仅应具有一定的耐火性能,且应关闭紧密、开启方便;常用防火门多为平开门、推拉门;它平时是敞开的,一旦发生火灾,须关闭且关闭后能从任何一侧手动开启;用于疏散楼梯间的门,应采用向疏散方向开启的单向弹簧门;当建筑物设置防火墙或防火门窗有困难时,可采用防火卷帘代替防火门,但必须用水幕保护

7.玻璃门窗的种类,见表 7-34。

表 7 - 34 玻璃门窗的种类

玻璃种类	概述	优点
中空玻璃	一种良好的隔热、隔音、美观适用、并可降低建筑物自重的新型建筑材料中空玻璃是将两片或多片玻璃以有效支撑均匀隔开并周边黏结密封,使玻璃层间形成有干燥气体空间的玻璃制品	具有良好的保温、隔热、隔声等性能
真空玻璃	两层玻璃的夹层均为气压低于 10−1Pa 的真空,使气体传热可忽略不计;内壁镀有低辐射膜,使辐射传热尽可能小;但必须在两层玻璃之间设置"支撑物"来承受每平方米约 10 吨的大气压,使玻璃之间保持间隔,形成真空层;"支撑物"方阵间距根据玻璃板的厚度及力学参数设计,在 20mm～40mm 之间。为了减小支撑物"热桥"形成的传热并使人眼难以分辨,支撑物直径很小,目前的产品中的支撑物直径在 0.3mm～0.5mm 之间,高度在 0.1mm～0.2mm 之间	它的隔声,隔热,防尘,安全性均高于中空玻璃
真空夹层玻璃	单面夹层结构,也可以做成双面夹层结构,EVA 膜(也称 EN 膜)厚度约为 0.4 和 0.7mm 两种,聚碳酸酯板厚度约为 1.2mm;附加玻璃板在 2.5mm 到 5mm 之间选用,也可用钢化玻璃;其特点是安全性和防盗性,同时其传热系数、隔声及抗风压等性能也优于真空玻璃原片,总厚度也比较薄	真空夹层玻璃的传热系数只比真空玻璃略小,但隔声性能会有较大提高
"真空＋中空"组合真空玻璃	此种结构相当于把真空玻璃当成一片玻璃再与附加玻璃板合成中空,附加玻璃板厚度一般选 5 或 6mm 的钢化玻璃,放在建筑物外侧,也可以做成"中空＋真空＋中空"的双面中空组合形式	除解决安全性外,其隔热隔声性能也都有提高
"真空夹层＋中空"结构	此种结构传热系数与上述"真空＋中空"相近,但此结构的优点除传热系数低并解决了安全性之外,厚度比"中空＋真空＋中空"薄	由于真空玻璃两侧不对称,减小了声音传播的共振,使隔声性能提高
双真空层真空玻璃	此种结构的总热阻可看成两片真空玻璃热阻之和,如果是相同结构的真空玻璃,总热阻则为单一真空玻璃的两倍	

8.门窗的安全设计与材料选择。

(1)建筑门窗的安全要求。

①建筑外窗在下列部位使用必须设计使用安全玻璃:倾斜窗;单块大于 $1.5m^2$ 的玻璃;易遭受撞击、冲击而造成人体伤害的其他部位;落地窗距地面净高 900mm 之内必须全部采用安全玻璃。

②单元门应设计、采用电控防盗门;住宅底层车库内通往各单元入口处,也应设计、采用电控防盗门并采取保温措施,确保能随时关闭,门上不应留有通风缝。

③户门应设计、采用防盗安全门,开启方向宜为内平开形式,其安全性能应符合《防盗安全门通用技术条件》(GB17565—2007)的要求。

④底层外窗、封闭阳台的外窗、不封闭阳台从室内通向阳台的门窗、下沿低于 2m 且紧邻走廊或公用上人屋面上的窗和门等部位,应设置入侵防范措施

(2)门窗的材料选择。

门窗是建筑维护结构中的重要组成部分,通常分为木门窗、铁门窗、钢门窗、铝合金门窗、玻璃门窗、塑钢门窗等。

◆ **7.15　创建商业部分 2～3 层**

图例中的 1 至 3 层为商场,户内结构形式一样,所以一层称为"标准层"。具体楼板等构件的设计要求详见教材规范部分。

7.15.1　二层楼板的绘制

在 F2 平面视图下,可以看到 F1 的图元显示,因为在属性面板中的"基线"显示为 F1,为了不影响绘图,将"基线"设置为"无"。

(1)点击"楼板",选择"建筑楼板",点击"常规－150mm",见图 7－72。

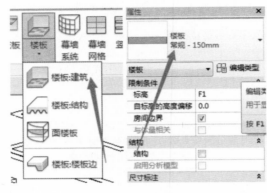

图 7－72

点击"编辑类型",选择"复制",重命名为"综合楼楼板";点击"材质编辑器",选择"混凝土",选择厚度"100mm";点击"插入",选择"向上",点击"面层 1[4]",选择"水泥砂浆垫层找平层"(见图 7－73);点击"插入",选择"面层 2[5]",点击"瓷砖瓷器 6 英寸",选择厚度为"10mm";点击"直线"绘制,完成保存,回到三维视图查看。

(2)为二层楼板开楼梯洞口。选中楼板,点击"编辑边界",在"直线"工具中选中楼梯位置,根据楼梯的大小绘制闭合的四边形。

给楼板开电梯洞口的操作如下:回到 F2 平面视图,在属性面板中点击"基线",选择"F1";选中楼板,点击"编辑边界",在"直线"工具中沿墙体中心线选中电梯位置,绘制完成后使用"镜像"复制另一边,接下来将多余线条调整、删除后保存。

(3)插入扶梯。点击"插入",选择"载入族",点击"建筑",选择"专用设备",点击"自动扶梯3";点击"构件",选择"放置构件";将扶梯放置合适位置;完成后,使用"镜像"工具完成另一边。

📡 注意:可用空格键改变构件方向,"MV"移动命令移动构件。

(4)创建自动扶梯洞口。选中楼板,点击"编辑边界",选择"直线",选中区域后"修剪",回到三维视图中查看。在三维视图属性面板中打开"剖面框"。打开剖面框可检查电梯是否符合规范要求。使用"镜像"完成另一边,按上述步骤创建另一边洞口。

7.15.2　商场二层的绘制

首先在此强调一下"修改"选项卡当中的"复制粘贴"具有非常强大的功能(见图 7－74),

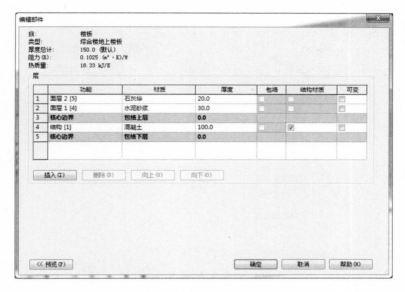

图 7 - 73

在后期教学当中将逐一展示它的功能。

图 7 - 74

本章教材所附规范当中指出,"建筑物应按照《建筑设计及防火规范》及《民用建筑高层防火规范》中的'防火分区'设定防火墙或防护卷帘,耐火极限根据建筑物的耐火等级而定",例如:建筑耐火等级为一级,墙体的耐火性不得低于三小时。屋盖的耐火等级根据墙体而定,墙体的耐火时长若在五小时,屋盖的耐火时长不得低于一小时。

(1)二层室内部分。

由于一层与二层整体相近,所以先将视图切换到 F1。切换到 F1 层后,全部选中所有图元;点击"过滤器"去掉不需要图元,例"房间分隔""参照平面"。由于图元过多,我们整体将图元复制到 F2 后再做具体修改。

（((•)) 注意:当系统提示警告对话框时,选择忽略"删除房间"。

操作为:点击"修改",选择"复制",点击"粘贴",选择"与选定的视图对齐",点击"楼层平面F2",见图 7 - 75。回到三维视图中,查看并删除和更改不要的选项,例如门、一楼楼板等。

(2)修补墙体。回到平面视图,关掉基线(见图 7 - 76),将墙面逐一完善。

(3)更换幕墙。回到三维视图的正立面视图,由于二层不需要门嵌板,所以将门嵌板更改为幕墙。见图 7 - 77。

具体操作为:点击"TAB"键,切换到需要更改的"门嵌板",点击"门嵌板",选择"幕墙",更改为幕墙嵌板。见图 7 - 78。

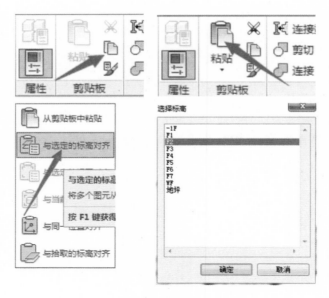

图 7 - 75

图 7 - 76

选中所有图元,点击"过滤器",在"放弃全部"选项中,选择"柱"(见图 7 - 79);将"柱"的标

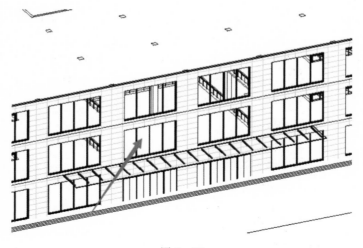

图 7 - 77

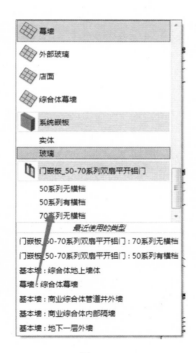

图 7 - 78

高调至 F4(此处根据实际建筑调整高度)。

(4)出入办公楼大厅部分幕墙。回到 F2 平面视图,找到基线,点击"F1";点击"建筑",选择"墙",点击"基本墙－综合楼地上外围护墙体"(上节设置);设置墙体参数;绘制完成后回到三维视图查看,见图 7 - 80。

(( )) 注意:墙体绘制方向为顺时针方向。

在更改幕墙材质前,先将柱子标高降下至"F3";回到 F2 视图,根据辅助线继续绘制幕墙,点击"建筑",选择"墙",点击"墙建筑",选择"幕墙",点击"编辑类型"(确保幕墙"自动嵌入"模

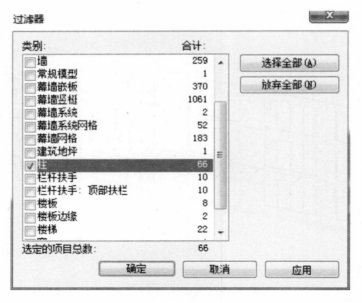

图 7 – 79

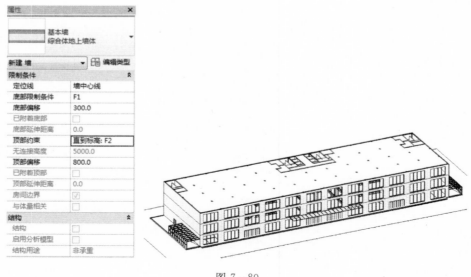

图 7 – 80

式勾选），按照"底部偏移"数值为"0"，"顶部偏移"数值为"－1200mm"绘制幕墙。

添加幕墙网格的操作如下：点击"视图编辑"，选择"隔离图元"，点击"幕墙网格"，分隔完成后添加"幕墙竖梃"。

点击"重设临时隐藏"设置幕墙，设置完成后回到平面视图，点击"镜像"将放置好的玻璃幕墙镜像到另一边。

（5）出入办公楼大厅的屋面板。点击"建筑"，选择"楼板"，点击"楼板建筑"，选择"编辑类型"，点击"复制"将其命名为"屋面板"，将功能选项更改为"外部"（如图 7 – 81 所示）。

绘制时要注意绘制所在楼层，错误时通过"Ctrl＋z"快捷键回退，更改楼层。

图 7-81

◆ 7.16 添加 Revit 构件族

7.16.1 添加雨篷

点击"插入",选择"载入族",点击"建筑"(友情提示:族库可在必易公司官方网站提供下载)。点击"构件",选择"放置构件",见图 7-82。放置好后调整雨篷的大小:双击构件,进入编辑族系统,先将雨篷的钢材支撑删除,量取屋面板长度,调整雨篷大小。

图 7-82

更改完雨篷长短数字后,删除限制条件。将不用的标注线删除后,载入到项目中。选中雨篷,将雨篷放置到合适高度。见图7-83。

7.16.2 三层楼板的添加

回到三维视图中,将楼板选中复制到F3即可。操作图见图7-84。

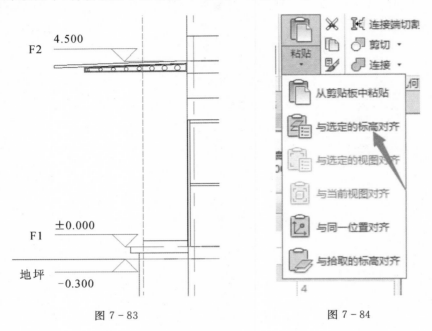

图7-83	图7-84

7.16.3 楼层中绘制栏杆扶手

幕墙添加栏杆步骤:点击"建筑"选项卡,找到"栏杆扶手"工具,点击绘制路径沿着玻璃幕墙位置绘制,绘制完毕后点击完成。在此我们选用900mm圆管。见图7-85。

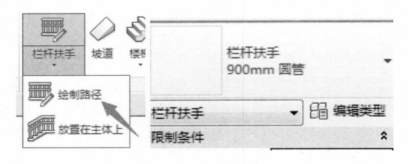

图7-85

 规范梳理

栏杆设计规范

1. 栏杆高度计算。

(1)从楼地面或屋面至栏杆扶手顶面垂直高度计算。

(2)宽度大于等于220且高度小于等于450(必须同时满足)则从可踏部位顶面起计算。

2. 栏杆应以坚固、耐久的材料制作,并能承受荷载规范规定的水平荷载:住宅、宿舍、办公楼、旅馆医院、托儿所、幼儿园为 0.5kN/m;学校、食堂、剧场、电影院、车站、礼堂、展览馆货体育场为 1.0kN/m。

3. 临空高度:≥24m;栏杆高度:≥1.10m;≤24m;栏杆高度:≥1.05m。

住宅、托儿所、幼儿园、中小学及少年儿童专用活动场所的栏杆必须采用防止少年儿童攀登的构造,当采用垂直杆件做栏杆时,其杆件净距不应大于0.11m。

文化娱乐建筑、商业服务建筑、体育建筑、园林景观建筑等允许少年儿童进入活动的场所,当采用垂直杆件时,起杆件净距也不应大于0.11m。

第8章　Revit 办公楼绘制

◆ 8.1　办公楼设计要点

（1）办公楼建筑设计应根据使用用地的性质，建设规模及标准的不同确定各类配套用房。

（2）办公楼 5 层及以上必须含有一部电梯，电梯的个数依面积而定。一般规定为 5000m^2 至少一部电梯（超高层另当别论）。

（3）办公楼外窗不宜过大。开启面积不应小于窗面积的 30％，并且具有良好的气密性，保温隔热效果。门窗洞口的开启宽度不应小于 1000mm，高度不小于 2100mm。

（4）办公楼还需要设计出财务室、重要档案室及仪表间。

（5）办公楼走道单面部分最小宽度 1300mm（具体内容参照本书规范中的表格），具体宽度的设计还应考虑到实际应用。

（6）此办公楼在防火规范中为 1 类建筑，对于层高的净高要求不低于 2700mm（含吊顶中的暖通中央空调）

（7）办公楼中公共用房部分（会议室，对外办事处，开水间，公共卫生间，接待室及陈列室）中小型会议室的使用面积应为 30m^2，中型会议室的面积为 60m^2，会议室的面积可以根据实际使用性质确定。其中在对外公共卫生间中应设置残疾人使用的专用设施。此楼层公共卫生间中不需设置残疾人专用设施。一般情况下设置在 F1 楼层中。公共卫生间距工作点最大距离不应大于 50000mm，卫生间应设置潜室，F1 卫生间每间厕所应设置蹲位三具以上，其中一具应设计为坐式为无障碍设计。若有会议室的楼层中应适当增加卫生间中的蹲位。

◆ 8.2　办公楼设计前期方案讨论

认识 BIM，不仅仅在于三维建模，我们利用 Revit 工具设计，将大量的时间用在设计上，将施工图时间压缩到最短，这样更有效率及价值。

此项目中面积较小，层数较低，作为商业性质的考虑需要发挥其最大的价值。

我们观察图中露台的设计，相对来看比较浪费。但此建筑中 F4 层以上为写字楼考虑到人居住的舒适性，我们通过退让出去做了屋顶还原，空间上让人感受更好，有舒适感，以使其达到其最大价值。见图 8-1。

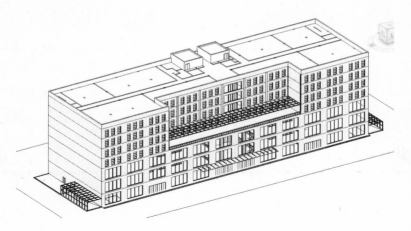

图 8-1

◆ 8.3 提高房间布置合理性

　　主电梯部分,墙与柱子之间的距离需要合适(参考本书规范),如过窄,无形中会影响整个楼层户型的分割,增加障碍。考虑到美观与实用性,我们建议在电梯出口处设计一个小的前厅进行缓冲。过道沿着柱子外皮。规范中规定当走道长度大于 40000mm 时,走道净宽不小于 1800mm。我们基于写字楼的设计,需要有开阔感。考虑到地砖常用规格为 800mm。如果铺设 3 块为 2400mm,此设计较为大气(保证走到净宽度值为 2400mm)。见图 8-2。

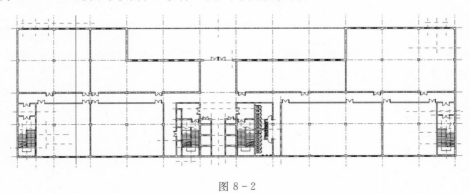

图 8-2

◆ 8.4 办公楼功能区间的区分及窗户的绘制

　　根据上一节课我们需要绘制走道为 2400mm,其操作流程如下:
　　(1)切换至 F4 层楼层平面视图,测量得出图中宽度为 1600mm。根据规范要求最小宽度,卫生间出入口宽度也为 1600mm。为了方便 F4 层保洁人员的使用,将原本 F3 楼层同样位置处的房间在 F4 楼层中修改为杂物间。
　　图中办公楼整体布局大块分区已用墙工具绘制完成(见图 8-3)。墙体的绘制前几章已讲到。具体操作方法参考前面几章的内容。

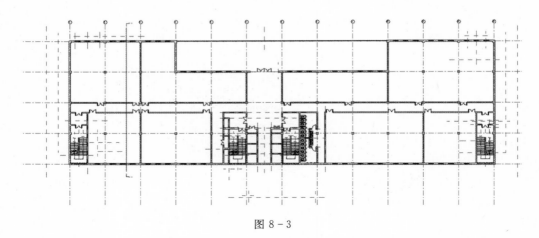

图 8 - 3

每个办公室的门在规范中不得小于 1000mm,高度不小于 2100mm。

设置此房间中的疏散门,宽度值为 1200mm,高度 2100mm。

(2)点击"建筑"选项卡,选择"门",选择需要的门规格。修改粗略宽度为 1200mm,高度为 2100mm,类型标记为"M1221",如图 8 - 4 所示。确定后鼠标拖入目标房间的合适位置。门的开启方向为人流的疏散方向。用镜像功能绘制对称的另一边门。

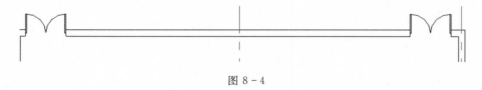

图 8 - 4

(3)接下来绘制办公人员的休息场所(咖啡厅)。确定位置在 6 轴与 7 轴之间,用墙工具绘制墙体,用打断工具将墙体打断修改至合适位置,见图 8 - 5。

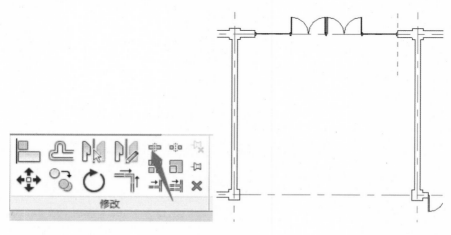

图 8 - 5

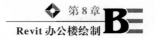

（4）绘制咖啡厅的幕墙。

①点击"建筑"选项卡，选择"墙"，选择幕墙。底部偏移改为 0，拖入目标墙体。

②点击"建筑"选项卡，用房间工具测量出房间面积为 138m² 和 200m²。见图 8－6。

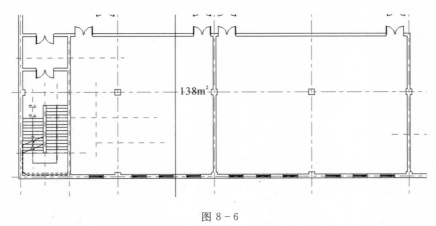

图 8－6

③接着绘制所选房间的门，根据隐私需要门与门之间不能相对。用镜像功能绘制对称的门。见图 8－7。

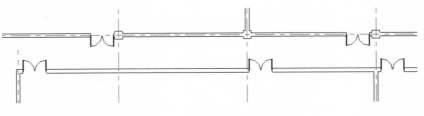

图 8－7

（5）添加办公室的玻璃幕墙。将不用的辅助线删除，点击"建筑"选项卡，选择"墙"，选择"玻璃幕墙"，拖入目标。切换至三维模式查看，见图 8－8。

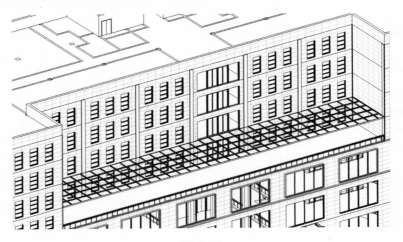

图 8－8

◆ **8.5 绘制 5～7 层办公楼** ─────────────

　　4 层的办公区域已经绘制完成,我们将用复制功能绘制 5～7 层的办公区。复制之前切换至 4 层的平面视图进行检查是否所有内容绘制完毕。图中发现防烟楼梯间的窗需添加。

　　点击"建筑"选项卡,选择窗,选择合适的窗户。将底高度修改为 900mm。拖入目标并切换至三维视图中查看。用镜像拾取轴工具绘制对称另一边楼梯间的窗。

　　切换至三维视图的前视图查看(见图 8-9),修改超出部分墙体的顶部偏移,值为 0。

图 8-9

　　注意查看隐藏在柱子后面的墙体高度,并修改至合适高度(见图 8-10)。

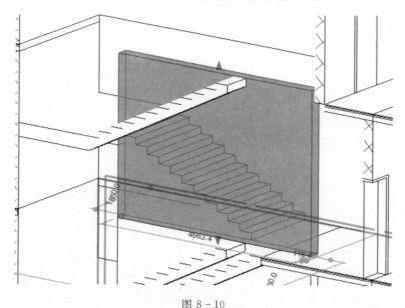

图 8-10

　　修改高度后全部选中进行复制(见图 8-11)。

　　点击复制后选择标高 F5～F7,点击"确定"后复制(见图 8-12),复制时所需时间较长。

　　复制后楼层中有缝隙,需修改墙体偏移值为 0,对比如图 8-13 所示。其余用同样方法修改即可。

　　将不正确的楼板删掉,对比图如图 8-14 所示。楼板的绘制在上几节课中已讲到。

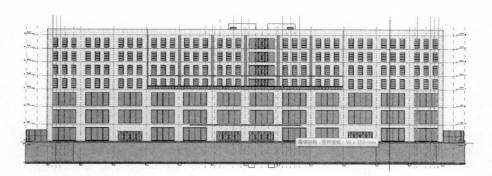

图 8 - 11

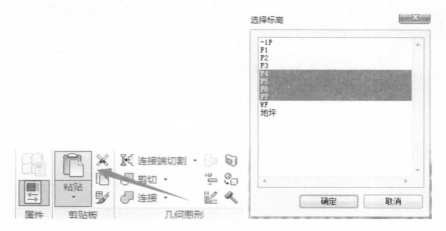

图 8 - 12

图 8 - 13

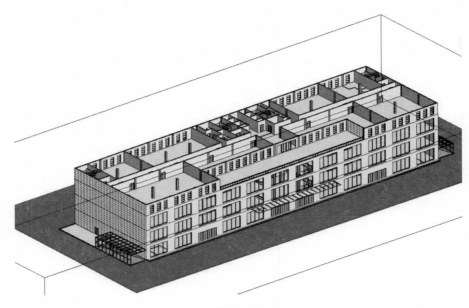

图 8 - 14

最终完成图如图 8 - 15 所示。

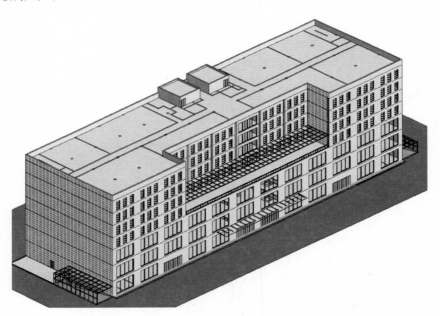

图 8 - 15

切换至 F4 平面视图模式查看,用"注释"选项中的"对齐"工具测量楼梯宽度。因内墙与外墙厚度不一样所以楼梯宽度略有差异。

点击"楼梯(按草图)"绘制(见图 8 - 16),宽度设置为 1975,根据规范增加踢面数降低踢面高度,深度为 300。将设置好的楼梯拖入目标合适位置,用"修剪"工具进行修剪,点击完成模式保存。切换至三维视图模式查看，删除靠近墙面的多余扶手后选中所需楼梯进行复制粘贴。见图 8-17。

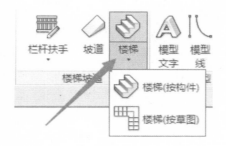

图 8-16

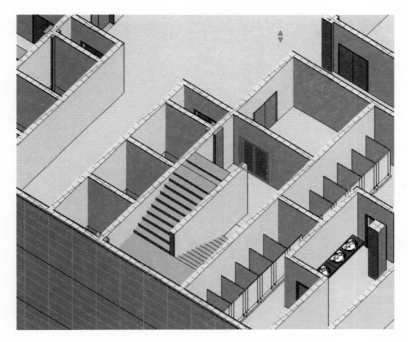

图 8-17

选择标高 F5～F7 确定复制。完成后修改不符合的楼板区域，选中不正确的楼板删除即可。

可以切换至剖面框模式查看楼梯处的楼板位置是否正确。切换回 F5 平面视图模式，如图 8-18 所示，选择编辑边界，将楼板拖入与梯段重合。

用"参照平面"工具修改主楼梯处的楼板位置。完成编辑后切换至三维模式进行查看楼板与楼梯已正确重合。此时复制楼梯，标高选择"F5-WF"，切换至 F5 平面视图模式，设置好后的楼梯用镜像工具绘制对称的另一边的楼梯。见图 8-19。

主楼梯部分的楼梯用同样方式复制。将剖面框拖至主楼梯部分方便观察。见图 8-20。

切换至 F5 平面视图模式选中楼梯点击"复制"，选中"F4""F6""F7"，点击"确认"。完成后如图 8-21 所示。

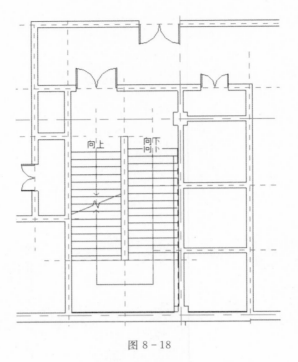

图 8 - 18

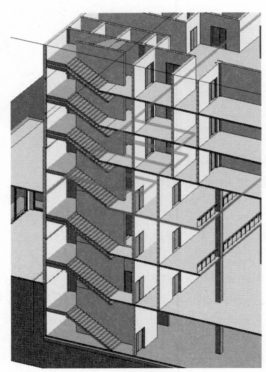

图 8 - 19

如图 8 - 22 中 F4 层楼板不正确,我们单独选中 F4 层楼板进行修改。

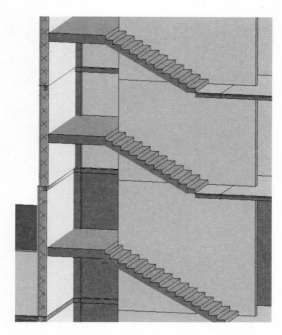

图 8 - 20

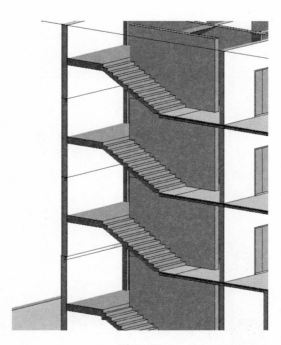

图 8 - 21

点击"隔离图元",单独隔离出楼板修改,用上表面视图查看。点击"编辑边界"进行修改后切换至三维视图查看。细节部分的修改不再赘述。

选中绘制的楼梯,用镜像模式镜像至主楼梯的另一侧。见图 8 - 23。切换至三维模式查看是否正确。

图 8 - 22

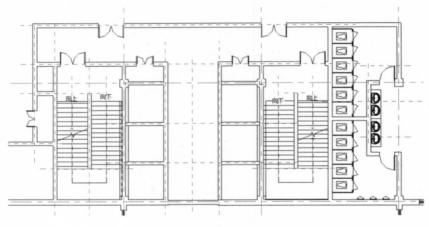

图 8 - 23

点击编辑边界及修改延伸工具进行调整,将屋面处楼梯口洞口进行封闭。

楼顶女儿墙的绘制操作如下:切换至 WF 平面视图模式查看。点击"建筑"选项卡,选择"墙"。沿着顺时针方向绘制,高度选择"1500",规范中女儿墙不应低于 1200。需要预留保温层的厚度故为 11500mm。绘制完毕后切换至三维模式查看。底部偏移设置为 0。完成后如图 8 - 24 所示。

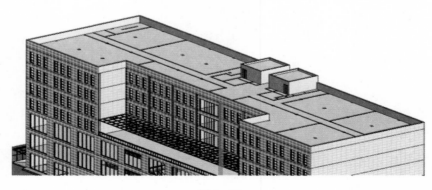

图 8 - 24

楼梯间、电梯出入口的绘制操作如下:电梯机房:三维视图下,点击属性面板,设置所绘制墙体墙顶部偏移为3000mm。回至WF平面模式下点击"墙"工具绘制剩余墙体部分。底部偏移为0,高度为3000mm。完成图如图8-25所示。

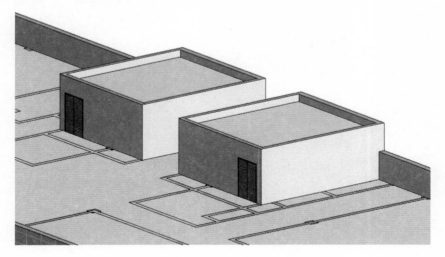

图 8-25

◆ **8.6　绘制出屋面楼梯间部分与电梯机房** ━━━━━━━━━━

(1)选择"建筑"选项卡,选择"门",放置在相应位置如图8-26所示。

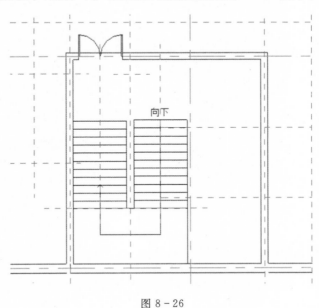

图 8-26

(2)选择"建筑"选项卡,选择"楼板",自标高的高度为3000m,隔墙部分修改顶部偏移为2400,完成后如图8-27所示。

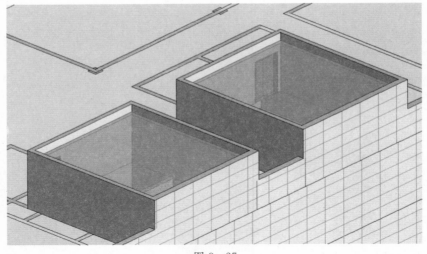

图 8-27

（3）门需要绘制台阶，需要提高门的底高度为 300。完成图如图 8-28 所示。

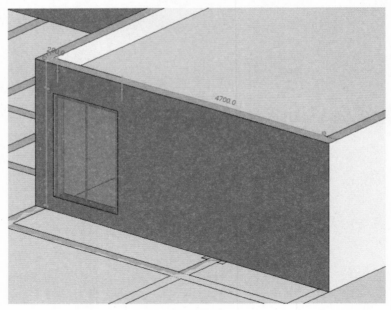

图 8-28

 规范梳理

建筑设计中对于屋面的构造规定

1.屋面的防水等级、设防要求及防水材料选用。

（1）基本要求：屋面防水等级分为两级；将原有的四个防水等级改为两个等级。去除了三道防水和一道防水，再多的防水层只是增加了防水层的耐久使用年限。

（2）关于防水层：搭接宽度的变化，新规范保护卷材，涂膜和符合防水层，以及瓦屋面的瓦。金属板屋面的压型金属板。去掉了细石防水混凝土防水层即刚性防水屋面。

屋面防水工程应根据建筑物的类别，重要程度，使用工程要求确定防水等级。并按相应等级进行防水设防。

技术措施如下：

①卷材防水层易拉裂部位，宜选用空铺，点粘，条粘或机械固定等施工方法

②结构易发生较大变形，易渗漏和损坏的部位应设置卷材或涂膜附加层

③在坡度较大和垂直面上粘贴防水卷材时，宜采用机械固定和对固定进行蜜蜂的方法

④卷材或涂膜防水层上应设置保护层

⑤在刚性保护层与卷材，涂膜防水层之间应设置隔离层

（3）防水材料的选择应符合以下规定：

①外露使用的防水层，应选用耐紫外线，耐老化，耐候性好的防水材料

②上人屋面应选用耐霉变。拉伸强度高的防水材料

③长期处于潮湿环境的屋面应选用耐腐蚀性，耐霉变，耐穿刺耐长期水侵等性能的防水材料

④薄壳，装配式结构，钢结构及大跨度建筑屋面应选用耐候性好，适应变形能力强的防水卷材

⑤倒置式屋面应选用那个适应变形能力强，接缝密封保证率高的防水材料

⑥坡屋面应选用与基层粘结力强，感温性小的防水材料

⑦屋面接缝密封防水应选用与基材粘结力强和耐候性好，适应位移能力强的密封材料

⑧基层处理剂，胶黏剂和涂料应符合现行行业标准《建筑防水涂料有害物质限量》(JC/T1066)的有关规定

2.屋面隔热（保温）。

（1）设计要点。

①屋面的传热系数 K、热惰性指标 D 应符合节能设计标准要求。屋顶应符合隔热验算要求。

②保温层应按所在地区的节能标准或建筑热工要求确定其厚度 。

③不上人屋面可采用架空隔热层做法，但隔热层宜采用预制配筋细石混凝土板块，并将隔热层刷成浅色，架空层高度不应低于150mm，且不宜高于200mm。

④上人屋面宜米用实铺隔热层做法。实铺隔热层宜采用隔.热性能好（导热系数小）、轻质（干密度小）、.耐压（抗压强度高）、憎水性或吸水率低（≤2%）的材料，并不得采用松散材料，应采用整体浇筑或板块状的隔热材料 。

⑤屋面构造做法宜首先采用倒置式屋面（即防水层在下、隔热层在上），倒置式屋面的隔热层表面应做保护层.（水泥砂浆或地砖等），隔热层与保护层之问应设隔离层。

⑥保温屋面在与室内空间贴临的天沟、檐沟内应铺设保温层，天沟、檐沟、檐口与屋面交接处保温层的铺设应伸入墙内，长度大于等于0.5墙厚。

⑦屋面保温层增加了岩棉，矿渣面和玻璃棉以及泡沫混凝土砌块和现烧泡沫混凝土等不燃烧材料。

⑧保温层隔热层：当严寒及寒冷地区屋面结构冷凝界面内侧实际具有的渗透至小于所

需值,或其他地区室内湿气有可能透过屋面结构层进入保温层时,应设有隔汽层。隔汽层应设置在结构层上,保温层下。并选用气密性,水密性好的材料。并沿周边墙面向上连续铺设,高出保温层上表面不得小于150mm。隔汽层是隔绝室内湿气通过结构层进入保温层的构造层,常年湿度很大的房间,如温水游泳池,公共浴池,厨房操作间,开水房等屋面应设有隔汽层。

⑨架空隔热层宜在屋顶有良好通风的建筑物上采用,不宜在寒冷地区。当采用混凝土板架空隔热层时,屋面坡度不宜大于5%。高度宜为180mm~300mm,架空板与女儿墙的距离不应小于250mm。当屋面宽度大于10m时,架空板隔热层中不应设置通风屋脊。进风口宜设置在当地炎热季节最大频率风向的正压区,出风口设置在负压区。

(2)找坡找平层。

①混凝土结构层宜采用结构找坡,宜采用质量轻,吸水率低和有一定强度的材料。

②找平层用细石混凝土。

③找坡层坡度不应小于3%。

④保温层上的找平层应留设分隔缝,缝宽宜5mm~20mm,纵横缝的间距不宜大于6m。

⑤油毡瓦的找平层厚度不应小于30mm。

3.瓦屋面。

①平瓦屋面在构造上应有阻止瓦和其下的保温层、找平层等滑落的措施。

②瓦上必须预留钉眼或绑扎瓦所需的孔眼。一般情况下,沿檐口两行、屋脊两侧的一行和沿山墙的一行瓦必须采取钉或绑的固定措施。

③当瓦屋面坡度大于30°或位于大风、地震区,则所有的瓦均需固定。

④瓦屋面的檐沟宜为现浇混凝土或其他合格的成品。

⑤当瓦屋面的卧瓦(找平)层位于保温层之上时,应与保温层下的钢筋混凝土基层有可靠的构造措施连接,如在混凝土板上伸出预留钢筋与卧瓦(找平)层内的钢筋网连接等。

⑥平瓦屋面的瓦头挑出封檐或伸入天沟、檐沟的长度宜为50~70mm,油毡瓦屋面的檐口应设金属滴水板。

⑦瓦屋面:防水垫层宜采用自粘聚合物沥青防水垫层,最小厚度1mm,聚合物改性沥青防水垫层,最小厚度2mm。

⑧在满足屋面荷载的前提下,瓦屋面持钉层为木板时,厚度不应小于20mm;为人造板时,厚度不应小于16mm;持钉层为细石混凝土时,厚度不应小于35mm。

4.屋面排水。

(1)屋面排水坡度,见表8-1。

排水设计:高层建筑宜采用内排水;多层建筑宜采用有组织排水;低层建筑及檐高小于10米的屋面,可采用无组织排水。多跨及汇水面积较大的屋面采用天沟排水,天沟找坡较长时,宜采用中间内排水和两端外排水。屋面工程技术规范 GB50345—2012

单坡跨度大于9m的屋面宜作结构找坡,坡度不应小于3%;当材料找坡时,可用轻质材料或保温层找坡,坡度宜为2%。

(2)屋面天沟。

①3层及3层以下或檐高小于10m的中、小型建筑物可采用无组织排水;3层以上的建筑,应采用有组织的屋面排雨水;高层建筑宜设天沟排两水。同时应根据不同的屋面形

式和有关要求,确定采用外排水或内排水。

②倒置式屋面的檐沟、水落口等部位应采用现浇混凝土或砖砌堵头并做好排水处理。

③天沟的宽度、起始深度、纵向坡度。

表 8−1　屋面排水坡度

屋面形式		适用坡度
平屋面		材料找坡2%,结构找坡3%
坡屋面	水泥或黏土平瓦屋面	20%～50%
	波形瓦屋面	10%～50%
	压型钢板屋面	10%～35%
	油毡瓦	≥20%
	玻璃屋面	≤75%
其他	网架结构金属薄板屋面	≥4%

天沟宽度 (mm)	天沟起始深度 (mm)	沟底水落差 (mm)	天沟的纵向坡度		天沟、檐沟排水不得流经变形缝和防火墙
			外排水	内排水	
≥300	≥100	≤200	≥1%	≥1.5%	

外排水				内排水	
有天沟		无天沟		明装或暗装水管	
端角部	中间	端角部	中1可	端角部	中间
12m	24m	7.5m	15m	7.5m	15m

(3)屋面排雨水立管。

雨水立管内径一般不应小于100mm,一根雨水立管的屋面最大汇水面积宜小于150m²。

5.种植屋面。

(1)种植屋面的材料应符合国家相关产品标准和设计规定,满足屋面设计使用年限的要求,并应提供产品合格证书和检测报告。使用的材料宜贮存在阴凉,干燥,通风处,避免日晒,雨淋和受潮;防水层应采用耐腐触、耐霉烂、防植物根系穿刺、耐水性好的防水材料,卷材、涂膜防水层上部应设置刚性保护层。防水层需采用二道或二道以上的防水设防,上一道必须为耐根穿刺防水层,防水层材料应相容。并确定保温隔热方式,种植方式及具体的电气照明系统设计和园林景观系统设计。

(2)种植屋面的构造层次。

①种植土层:人工合成的营养土、改良田园土、无机复合种植土等.(300～1000mm厚)(种植土四周应设挡墙1挡墙下部应设泄水孔),应符合 CJ/T340《绿化种植土壤》的要求②过滤层宜采用单位面积为200～400g/m²的聚酯无纺布。

③排(蓄)水层:复合防水卷材克重大于900,根据需求选择不同厚度,应符合抗根要求。卵石、陶粒其粒径不应小于25mm,堆积密度不宜大于500kg/m³,厚度宜为100～150mm。或成品塑料排(蓄)水凹凸盘(板)厚度不应小于0.5mm,凹凸高度 不小于8mm。

④保护层:40mm厚C20细石配筋混凝土。

⑤防水层:涂料或卷材。

⑥保温层:挤塑聚苯板或聚氨酯硬泡(按节能计算需要,一般可不做)。

⑦找平层:厚度宜为15~20mm,应留分格缝,纵、横缝的间距不应大于6m,缝宽宜为5mm,兼作排气道时,缝宽应为20mm。

⑧找坡层:结构找坡或建筑找坡(1:8水泥陶粒)。找坡层宜采用轻质材料或保温隔热材料找坡,找坡层上用1:3(体积比)水泥砂浆抹面。

⑨结构层:现浇钢筋混凝土板。

(3)种植土层厚度与荷载。

①种植土层厚度计算公式:

$$H=1.67d$$

式中:H——种植土层厚度;d——种植物根延伸直径。

②种植屋面荷载。

种植屋面宜采用轻质的人工合成营养土壤,以降低屋面荷载。设计时种植土层的密度可按$1000kg/m^3$计算。种植屋面种植土层厚度与荷载值可参考表8-2。

表8-2 种植土层厚度与荷载值

类别		植被	花卉小灌木	大灌木	小乔木	大乔木
植物生存土层厚度(cm)		15	30	45	60	90~120
植物生育土层厚度(cm)		30	45	60	90	120~150
排水层厚度(cm)			10	15	20	30
平均荷载 (kg/m²)	生存	150	360	540	720	980~1380
	生育	300	510	690	1020	1380~1680

注:(1)种植土密度按$1000kg/m^3$计算,排水层密度按$600kg/m^3$计算。

(2)表中"平均荷载"未包括结构层、防水层和过滤层荷载。

(4)植物荷载,见表8-3。

表8-3 不同类别植物荷载

植物类别	植被草皮	小灌木	大灌木	小乔木	大乔木
植物荷载(kg/m²)	5	10~20	30~40	60	150

(5)种植屋面构造做法。

(6)其他注意事项。

①种植高大植物应采取防风固定措施,防止植物和设施倾覆、坠落。

②屋面坡度大于5%时应有防止土层滑落的措施。

③种植屋面的床埂不能利用女儿墙作为其边墙,床埂与女儿墙应保留一定距离(一般取大于等于250mm)。床埂高度不应小于种植土厚度。床埂上应每隔1.2~1.5m设泄水孔一个。

④屋面结构层宜采用抗渗等级不小于S6的防水混凝土。

⑤种植屋面是否设置保温层由热工计算确定。设置保温层的种植屋面,保温层可兼做找坡层。

⑥上人屋应为刚性铺装层,并且坚实平整;非上人屋应增做保护层。

⑦种植容器应设排水孔及过滤装置。

◆ 8.7 绘制三楼玻璃顶棚

F5 楼层平面图中创建体量步骤如下:

点击"体量"和"场地"选项卡,点击"内建体量"工具,重命名为"顶棚",点击"确定"。点击"直线",绘制三楼雾台,沿三楼露台边界线绘制闭合矩形,点击创建形状工具,点击实心形状。

点击"场量和场地"选项卡,点击创建"幕墙系统,选择刚才所创建的体量上表面,生成幕墙,用网格将其分割,添加横竖挺即完成,如图 8-29 所示。

图 8-29

• 附录 1　碰撞检查试验

在此以楼板与栏杆为例，演示如何进行碰撞检查。

操作如下：点击“协作”选项卡，选择“碰撞检查”工具，点击运行碰撞检查(见附图 1)，选择“类别来自当前项目”，点击“专用设备”选项，选择“楼板”，点击“确定”。

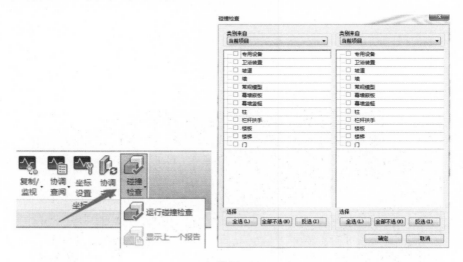

附图 1

系统会自动碰撞检查，看到碰撞检查项目逐一列举出来，例如：楼板和自动扶梯三有没有碰撞，冲突报告已经展现出来。我们只需要点击查看即可。见附图 2。

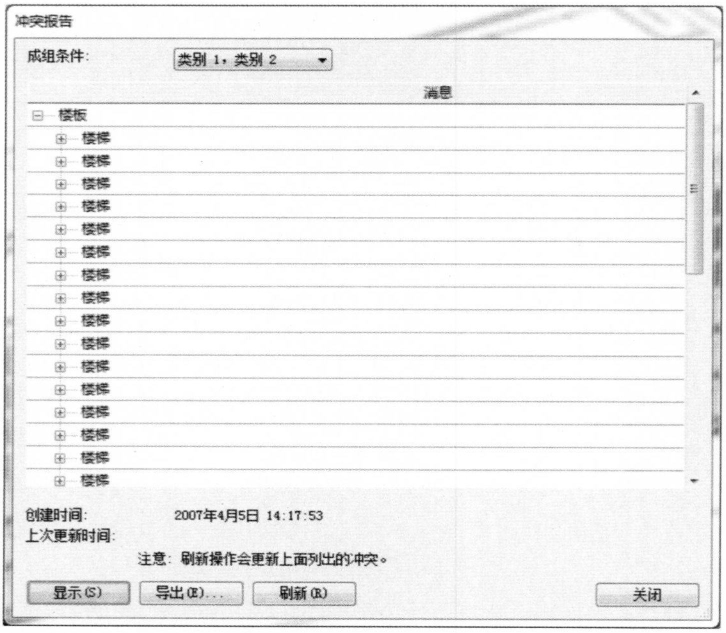

附图 2

附录 2 Revit 中平立剖的绘制

1. 添加二维视图的注释

点击"注释",选择"对齐"(见附图 3),用鼠标捕捉要标注的轴线,此处标注模式与 CAD 相似。

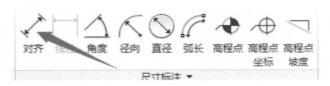

附图 3

注意:中途若出现错误或者掉线等情况,可点击之前的标注线,在上下文选项卡区域会出现"尺寸标注",点击"编辑尺寸界线"可以继续捕捉所需轴线。

如同时在轴线上标记两条线,Revit 软件会自动间隔标记线间的距离,找到适当位置后,Revit 软件会出现虚线,此处只需点击空白处即可完成操作。

在 3D 模式下调整线轴时,全部楼层线轴都会发生改变。可通过勾选"属性"面板中的"裁剪视图""裁剪区域可见"调整裁剪区域控制线,让其与线轴产生交集,点击确定,视图即为 2D 效果。在 2D 视图情境下调整线轴不会影响到其他视图。

"注释"选项下的其他功能使用方法与 CAD 基本一致。

2. 剖面图的标注

点击"视图",选择"剖面",对需要剖面的视图部分进行剖面,然后在"项目浏览器"下选择"剖面"即可看到刚才选中剖面部分。这就是 Revit 带给我们的便捷。

首先,隐藏辅助线,点击"视图编辑",选择"隐藏类别",为了不影响其他楼层的线轴,切换 3D 视图到 2D 视图模式,方法如上。点击"注释",选择"对齐"捕捉需要标记的标高线进行注释。其与注释平面图注释操方法一致。

· 附录3 建筑节能设计方法

公共建筑节能设计应根据当地的气候条件,在保证室内环境参数条件下,改善围护结构保温隔热性能,提高建筑设备及系统的能源利用效率,利用可再生能源,降低建筑暖通空调、给水排水及电气系统的能耗。

当建筑高度超过150m或单栋建筑地上建筑面积大于200000m²时,除应符合本标准的各项规定外,还应组织专家对其节能设计进行专项论证。

建筑群的总体规划应考虑减轻热岛效应。建筑的总体规划和总平面设计应有利于自然通风和冬季日照。建筑的主朝向宜选择本地区最佳朝向或适宜朝向,且宜避开冬季主导风向。

建筑设计应遵循被动节能措施优先的原则,充分利用天然采光、自然通风,结合围护结构保温隔热和遮阳措施,降低建筑的用能需求。

建筑体形宜规整紧凑,避免过多的凹凸变化。

建筑总平面设计及平面布置应合理确定能源设备机房的位置,缩短能源供应输送距离。同一公共建筑的冷热源机房宜位于或靠近冷热负荷中心位置集中设置。

施工图设计文件中宜说明该工程项目采取的节能措施及其使用要求。

公共建筑节能设计除应符合本标准的规定外,尚应符合国家现行有关标准的规定。

1.建筑朝向、通风、采光与节能

(1)朝向。

建筑立面朝向的划分应符合下列规定:

①北向为北偏西60°至北偏东60°;

②南向为南偏西30°至南偏东30°;

③西向为西偏北30°至西偏南60°(包括西偏北30°和西偏南60°);

④东向为东偏北30°至东偏南60°(包括东偏北30°和东偏南60°)。

(2)通风。

单一立面外窗(包括透光幕墙)的有效通风换气面积应符合下列规定:

①甲类公共建筑外窗(包括透光幕墙)应设可开启窗扇,其有效通风换气面积不宜小于所在房间外墙面积的10%;当透光幕墙受条件限制无法设置可开启窗扇时,应设置通风换气装置。

②乙类公共建筑外窗有效通风换气面积不宜小于窗面积的30%。

外窗(包括透光幕墙)的有效通风换气面积应为开启扇面积和窗开启后的空气流通界面面积的较小值。

严寒地区建筑的外门应设置门斗;寒冷地区建筑面向冬季主导风向的外门应设置门斗或双层外门,其他外门宜设置门斗或应采取其它减少冷风渗透的措施;夏热冬冷、夏热冬暖和温和地区建筑的外门应采取保温隔热措施。

建筑中庭应充分利用自然通风降温,可设置机械排风装置加强自然补风。

(3)采光。

建筑设计应充分利用天然采光。天然采光不能满足照明要求的场所,宜采用导光、反光等

172

装置将自然光引入室内。

人员长期停留房间的内表面可见光反射比宜符合附表 1 的规定。

附表 1　人员长期停留房间的内表面可见光反射比

房间内表面位置	可见光反射比
顶棚	0.7～0.9
墙面	0.5～0.8
地面	0.3～0.5

严寒地区甲类公共建筑各单一立面窗墙面积比(包括透光幕墙)均不宜大于 0.60;其他地区甲类公共建筑各单一立面窗墙面积比(包括透光幕墙)均不宜大于 0.70。

单一立面窗墙面积比的计算应符合下列规定:

①凸凹立面朝向应按其所在立面的朝向计算;

②楼梯间和电梯间的外墙和外窗均应参与计算;

③外凸窗的顶部、底部和侧墙的面积不应计入外墙面积;

④当外墙上的外窗、顶部和侧面为不透光构造的凸窗时,窗面积应按窗洞口面积计算;当凸窗顶部和侧面透光时,外凸窗面积应按透光部分实际面积计算。

甲类公共建筑单一立面窗墙面积比小于 0.40 时,透光材料的可见光透射比不应小 0.60;甲类公共建筑单一立面窗墙面积比大于等于 0.40 时,透光材料的可见光透射比不应小 0.40。

夏热冬暖、夏热冬冷、温和地区的建筑各朝向外窗(包括透光幕墙)均应采取遮阳措施;寒冷地区的建筑宜采取遮阳措施。当设置外遮阳时应符合下列规定:东西向宜设置活动外遮阳,南向宜设置水平外遮阳;建筑外遮阳装置应兼顾通风及冬季日照。

甲类公共建筑的屋顶透光部分面积不应大于屋顶总面积的 20%。当不能满足本条的规定时,必须按本标准规定的方法进行权衡判断。

2. 建筑的体形与节能

严寒和寒冷地区公共建筑体形系数应符合附表 2 的规定。

附表 2　严寒和寒冷地区公共建筑体形系数

单栋建筑面积 A(m²)	建筑体形系数
300<A≤800	≤0.50
A>800	≤0.40

3. 建筑屋顶外墙、门窗与节能

建筑围护结构热工性能参数计算应符合下列规定:

(1)外墙的传热系数应为包括结构性热桥在内的平均传热系数。

(2)外窗(包括透光幕墙)的传热系数应按现行国家标准《建筑热工设计规范》GB50176 的有关规定计算。

(3)当设置外遮阳构件时,外窗(包括透光幕墙)的太阳得热系数应为外窗(包括透光幕墙)本身的太阳得热系数与外遮阳构件的遮阳系数的乘积。外窗(包括透光幕墙)本身的太阳得热系数和外遮阳构件的遮阳系数应按现行国家标准《建筑热工设计规范》GB50176 的有关规定计算。

屋面、外墙和地下室的热桥部位的内表面温度不应低于室内空气露点温度。

建筑外门、外窗的气密性分级应符合国家标准《建筑外门窗气密、水密、抗风压性能分级及检测方法》(GB/T7106－2008)中第 4.1.2 条的规定,并应满足下列要求:

①10 层及以上建筑外窗的气密性不应低于 7 级;

②10 层以下建筑外窗的气密性不应低于 6 级;

③严寒和寒冷地区外门的气密性不应低于 4 级。

建筑幕墙的气密性应符合国家标准《建筑幕墙》(GB/T 21086－2007)中第 5.1.3 条的规定且不应低于 3 级。

当公共建筑入口大堂采用全玻幕墙时,全玻幕墙中非中空玻璃的面积不应超过同一立面透光面积(门窗和玻璃幕墙)的 15％,且应按同一立面透光面积(含全玻幕墙面积)加权计算平均传热系数。

附表 3　模型与绘图常用工具快捷键

命令	快捷键
墙	WA
门	DR
窗	WN
放置构件	CM
房间	RM
房间标记	RT
轴线	GR
文字	TX
对其标注	DI
标高	LL
高程点标注	EL
绘制参照平面	RP
模型线	LI
按类别标记	TG
详图线	DL

附表 4　编辑修改工具常用快捷键

命令	快捷键
图元属性	PP
删除	DE
移动	MV
复制	CO
旋转	RO
定义旋转中心	R3
阵列	AR
镜像拾取轴	MM
创建组	GP
锁定位置	PP
解锁位置	UP

命令	快捷键
匹配对象类型	MA
线处理	LW
填色	PT
拆分区域	SF
对齐	AL
拆分图元	SL
修剪/延伸	TR
偏移	OF
在整个项目中选择全部实例	SA

附表 5　捕捉替代常用快捷键

命令	快捷键
捕捉远距离对象	SR
象限点	SQ
垂足	SP
最近点	SN
中点	SM
交点	SI
端点	SE
中心	SC
捕捉到云点	PC
点	SX
工作平面网格	SW
切点	ST
关闭替换	SS
形状闭合	SZ
关闭捕捉	SO

附表 6   视图控制常用快捷键

视图控制	快捷键
区域放大	ZR
缩放配置	ZF
上一次缩放	ZP
动态视图	F8
线框显示模式	WF
隐藏线显示模式	HL
带边框着色显示模式	SD
细线显示模式	TL
视图图元属性	VP
可见性图形	VV
临时隐藏图元	HH
临时隔离图元	HI
临时隐藏类别	HC
临时隔离类别	IC
重设临时隐藏	HR
隐藏图元	EH
隐藏类别	VH
取消隐藏图元	EU
取消隐藏类别	VU
切换显示隐藏图元模式	RH
渲染	RR
快捷键定义窗口	KS
视图窗口平铺	WT
视图窗口层叠	WC